Brave New Brain

멋지고 새로운
뇌세계

Judith Horstman 지음
김유미 옮김

WILEY
아카데미프레스

The Scientific American **Brave New Brain**

How Neuroscience, Brain-Machine Interfaces, Neuroimaging, Psychopharmacology,
Epigenetics, the Internet, and ... and Enhancing the Future of Mental Power

Judith Horstman

ISBN: 978-0-470-37624-9

역자는 처음 〈Brave New Brain〉이라는 책제목을 보는 순간, 어떤 색깔의 뇌세계가 펼쳐질까 하는 궁금증이 생겼다. 그것은 바로 올더스 헉슬리의 〈멋진 신세계Brave New World〉가 떠올랐기 때문이다. 아니나 다를까? 저자는 이 책의 서문 말미에 올더스 헉슬리의 〈멋진 신세계〉와 세익스피어의 〈폭풍우〉를 인용하며 책제목을 소개해 놓았다.

세익스피어의 〈폭풍우〉에서 섬에서만 자란 미란다는 자기 아버지를 추방시킨 안토니오와 나폴리 왕을 보고 순진무구하게 "인간은 정말 아름답구나! 이렇게 멋진 사람들이 있다니. 아! 멋진 신세계로다!"라고 말한다. 이를 보고 아버지 프로스페로는 서글픈 미소를 짓는다. 이렇게 〈폭풍우〉에서 처음 등장했던 '멋진 신세계'는 헉슬리의 〈멋진 신세계〉에서 구체화되어 나타난다. 즉, 최첨단 과학의 발달로 얼핏 무척 행복한 유토피아처럼 보이지만, 실제로는 극히 불행한 디스토피아 말이다.

〈멋지고 새로운 뇌세계Brave New Brain〉 역시 그런 맥락을 크게 벗어나지 않는다. 자칫 디스토피아적인 뇌세계가 될 수도 있다는 의미이다. 다행스럽게도 〈멋지고 새로운 뇌세계〉에는 유토피아적인 뇌세계를 건설해 보려는 강한 의지가 보인다. 이 책에서는 추후 우리 뇌가 유토피아적 측면과 디스토피아적 측면으로 진화해갈 양방향적 가능성을 제시하는 동시에, 개인, 사회, 국가, 인류가 지향해야 할 방향을 제시하고 있기 때문이다.

이 책에 명시된 저자는 비록 한 분이지만, 사실 이 책은 뇌과학 및 관련 분야에서 최첨단을 걷고 있는 저명한 연구자들의 창의적인 합작품이라 할 수 있다. 실제로 이 책의 본문을 들춰보면 바로 그러한 사실을 알

수 있는데, 이는 이 책에서 최첨단 분야에 속하는 뇌의 탁월한 변화 가능성, 브레인 파워 촉진 방법, 기억 조작(操作), 디지털 자아, 스캔을 통한 뇌연구와 뇌스캔 연구의 한계, 전기를 통한 뇌회로 재구성, 생체공학적인 뇌, 미래의 뇌치료 방법, 신경윤리 등을 담고 있기 때문이다. 이 책에서는 최근에 발표된 따끈따끈하고 고무적인 연구 결과까지 두루 담고 있어 크고 작은 지적 호기심을 충족시키기에 충분하다.

그러나 독자 입장에서는 책제목을 보고 호기심이 크게 발동하다가도 막상 책을 펼치면서 '어렵지 않을까' 하는 부담감에 망설일 수 있다. 그러나 이 분야를 전혀 모르는 일반인이라 할지라도 전혀 주저할 필요가 없다. 이 책은 우리가 쉽게 접하는 일상이나 질환을 중심으로 전개될 뿐만 아니라, 재미있는 영화들이 간간히 삽입되어 "아! 최첨단 과학을 우리의 일상에서도 볼 수 있구나", "와! 재미있는데", "그런 세상이 빨리 왔으면 좋겠다" 같은 느낌이 들 것이기 때문이다. 실제로 이 책에 제시된 일부 연구 결과를 보고 있노라면 과학을 통해 공상과학 영화를 검증하고 확인하는 듯한 느낌이 들 정도이다. 그래서 이 책에 소개된 공상과학 영화를 간간히 관람하면서 〈멋지고 새로운 뇌세계〉를 여행한다면, 그 재미가 한층 더할 것으로 보인다.

나아가 일부 독자들은 〈멋지고 새로운 뇌세계〉를 여행하는 동안 자기 자신, 주변 환경, 사회적·국가적·인류적 환경에 따라 우리 뇌가 달라질 수 있다는 사실을 깊이 새겨 자신의 뇌를 진화시키려는 작은 노력을 시도할 것이다. 부디 모든 이들이 꾸준한 노력을 통해 좀 더 긍정적인 뇌로 진화해가기를 바란다. 아울러 이 책의 독자 중 누군가가 이 책을 통해 뇌세계에 재미를 붙여 훗날 유토피아적인 뇌세계 건설의 초석을 다지는 데 기여했으면 하는 과욕을 부려본다. 추후 그처럼 뇌세계 건설에 동참하는 이들이 하나둘 늘어간다면, 미란다와 프로스페로 둘 다에게 멋진 신세계에 다가가지 않을까?

2012년 3월 김유미

감사의 말

먼저 이 책의 초석이 된 멋진 글들을 써준 〈사이언티픽 아메리칸Scientific American〉과 〈사이언티픽 아메리칸 마인드Scientific American Mind〉의 작가와 편집자들께 감사의 말을 전하고 싶다. 가까운 미래가 어떻게 펼쳐질지 알게 해준 저명한 신경과학자들과 전문가들, 특히 R. Douglas Fields, Joseph LeDoux, Richard Davidson, Philip Kennedy, Hank Greely(멋지고 새로운 신경과학계를 둘러싼 법적·윤리적·사회적 문제 관련 전문가)께 감사의 마음을 전한다.

이 책의 매력적인 컨셉이 Jossey-Bass에서 열근(熱勤)하는 창의적인 연구팀에서 나온 것임을 미리 알리고 싶다. 책의 틀을 잡을 때부터 제작에 힘써준 편집장 Alan Rinzler와 부편집장 Nana Twumasi, 제작의 귀재인 Carol Hartland, 탁월한 교정 담당자인 Bev Miller, 훌륭한 프리랜서 연구자인 Brianna Smith, 이 책을 디자인한 Paula Goldstein, 이 책이 독자의 손에 가게 해준 모든 홍보 담당자들, 〈사이언티픽 아메리칸〉의 Jennifer Wenzel, Erin Beam, P. J. Campbell, Karen Warner, 그간의 자료를 찾아 꼼꼼히 확인해준 Lisa Pallatroni께도 거듭 진심어린 감사의 말을 전하고 싶다.

뇌에 대한 책을 쓰기가 힘들다고 주야장천 투정부리고 푸념하던 나를 다 받아준 내 가족, 친구와 동료들에게도 감사한다. 하여튼 이 자리를 빌어 모든 분들, 특히 Kelly A. Dakin(첫 독자로서 많은 오류를 정정하고 유익한 자료를 첨가해준), Ann Crew, Ferris Buck Kelley, Frank Urbanowski, 저작권 대리인인 Andrea Hurst, 그리고 놀라울 정도로 생산적이고 관대한 Sacramento의 글쓰기 공동체에 감사의 말을 전하고 싶다.

서 문

"어제의 공상과학은 오늘의 과학이다."

맞는 말이다. 하지만 이 말은 우리가 너무 많이 들어 진부할 정도이다. 왜 그럴까? 이유인즉, 그 말이 사실이다 보니 그런 것같다.

실제로 오늘날의 많은 신경과학적·기술적 발견들은 몇몇 공상과학에서 이미 등장했던 것들이다. 신경과학 및 장비와 관련된 기본 지식이 크게 변화되었지만, 우리가 복잡한 뇌활동을 파악하기에는 여전히 걸음마 수준이다.

〈사이언티픽 아메리칸〉에서는 1세기 전부터 그런 미래를 주시해왔다. 가령, 〈사이언티픽 아메리칸〉에서는 1999년도 특별판인 〈당신의 생체공학적 미래Your Bionic Future〉와 2003년의 〈더 나은 뇌Better Brain〉를 통해 뇌연구의 미래를 예측해왔다. 최첨단 연구를 진행 중인 신경과학자들은 지난 2년간 〈사이언티픽 아메리칸〉과 〈사이언티픽 아메리칸 마인드〉에 글을 기고해왔다.

이 책은 주로 그런 원고들에 바탕을 두고 있다. 우리는 뇌과학 분야에서 오늘날 일어나고 있는 핵심적인 논제, 특히 연구 및 기술 분야의 많은 진보와 오늘날의 세계가 우리의 뇌를 하루하루 어떻게 변화시키는지, 그리고 이후 수십 년간 어떤 일이 일어날지에 대한 최근 수년간의 원고를 살펴볼 것이다. 여기에 글을 기고한 이들은 뇌연구 분야의 최전방에 있는 탁월한 과학자들이다.

이 책에서는 최신의 연구도 추가했다. 그 중 몇몇은 너무 최신의 연구라서, 이 책을 쓰고 있을 당시에 출판도 안 된 상태였다. 물론 우리가 이 책을 들고 있는 순간에도 새로운 연구물들이 계속 쏟아질 것이다. 지식과 기술의 새로운 물결이 벌써 저 너머에서 형성되어 대단한 속도로 밀려오고 있다. 정말로 멋지고 새로운 뇌세계로다!

이 책제목의 배경

이 책의 제목이 올더스 헉슬리의 반이상향적인 소설 〈멋진 신세계Brave New World〉와 유사한 것은 우연이 아니다. 새로운 뇌과학에는 경계해야 할 점이 참 많다. 특히 사고와 정서에의 적용, 특정 행동의 예측, 사생활 침해, 윤리적·법적 문제, 시민권 문제 등이 제기되고 있다.

하지만 세익스피어의 희곡 〈폭풍우The Tempest〉에서 섬에서만 자란 미란다가 처음으로 다른 사람들을 보고 생명의 가능성과 경이에 감탄했던 낙관주의에도 수긍이 간다.

오, 놀라워라!
여기에 멋진 사람들이 이렇게도 많다니!
인간은 정말 아름답구나!
이렇게 대단한 사람들이 존재하다니.
참, 멋진 신세계로다!

— 폭풍우(V. I. 198-201)

차 례

서 론

지금 우리는 그 어느 때보다 뇌에 대해 많이 알고 있으며, 사회의 다방면에서 양적·질적 측면의 뇌 관련 지식과 뇌 자체의 향상을 지원하고 있다.

뇌 관련 지식과 뇌가 이렇게 진보할 수밖에 없는 이유는 의지와 재력이 탄탄한 베이비붐 세대의 대단한 뇌연구와 더 빨리 더 많은 것을 배우려는 그들의 강력한 요구 덕분이다. 가장 큰 인구층을 형성하고 있고 경기침체 속에서도 가장 부유한 첫 번째 베이비붐 세대는 나이가 들어도 결코 불가능을 모르는 세대로, 황혼기를 순순히 수용하길 거부하고 있다. 오히려 노화 중인 뇌의 개선을 소리 높여 요구하고 있다.

오늘날 뇌연구, 특히 치매, 기억감퇴 및 기타 노화증상과 관련된 연구에 수십억 달러가 투자되고 있다. 미국 국립보건원National Institutes of Health: NIH만 해도 2008년의 총예산 중 약 20%에 달하는 52억 달러를 뇌 관련 프로젝트에 투자했다. 이렇게 뇌 관련 자금이 증액되면서, 연구자들이 뇌를 이해하고 다루는 일에 대거 뛰어들고 있다. 그간의 5만년보다 지난 50년간 우리는 뇌에 대해 더 많이 알게 되었고, 이후 20여 년간 과학계가 협력한다면 아마 그 기록마저 깨질 것이다. 뇌연구는 심리학, 정신의학, 신경학을 넘어 소위 찬밥 신세였던 여러 과학 분야를 결합하고 있다. 즉, 더 좋고 더 작고 더 빠르고 더 똑똑한 장비를 개발한 공학적 진보 덕분에, 이제는 생물학, 생화학, 화학을 물리학, 기계공학, 전자공학, 컴퓨터공학, 재료공학, 통계분석, 심지어 정보공학과 결합하고 있다.

과학자들과 미래학자들은 21세기 중반까지 다음과 같은 변화가 올 것으로 예측하고 있다.

- 뇌에 컴퓨터 칩이나 미니 마이크로프로세서를 넣어 기억을 향상시키고, 파킨슨병에서 우울이나 불안에 이르는 뇌질환 증상을 조절하며, 휴대폰이나 컴퓨터 없이 무선으로 정보를 교환할 것이다.

- 머지않아 정말 심각한 경우 외에는 뇌수술이 옛말이 될 것이다. 정신질환을 비롯한 뇌질환 증상이 나타나기 전에 진보된 신경영상으로 진단하여 마음을 '읽고' 행동을 예언하며 조절하게 될 것이다. 초소형 로봇 즉, 나노로봇을 혈관에 넣어 뇌손상을 진단하고 치료할 것이다. 마찬가지로 단백질 분자가 우리의 뇌 안을 돌아다니며 뇌질환과 관련된 뇌세포나 유전자를 활성화하거나 비활성화할 것이다.

- 약물에서 디지털 장비에 이르는 신경 강화제들이 건강한 사람들의 기억과 정신 작용을 증진시킬 것이다. 나아가 그렇게 강력한 약물로 고통스러운 기억이나 외상적 기억을 차단할 것이다. 이는 곧 질환으로 손상된 뉴런을 새로운 뇌세포가 대체한다거나, 아니면 우리의 자녀가 고등미적분 시험을 위한 벼락치기로 기억 알약을 먹는다는 의미이다.

- 많은 경우 알츠하이머 질환, 기타 치매성 질환, 나아가 정신지체까지도 예방과 치료가 가능하며, 심지어 회복 가능할 것이다.

- 마비된 사지와 척수의 기능을 되살릴 수 있으며, 진짜 같은 의수와 의안에 정보를 저장하고 심지어 신경망을 복제할 정도의 인공뇌칩에 이르기까지 생각만으로 작동하는 인공부품이 넘쳐날 것이다.

뇌과학은 거대한 사업이다

멋지고 새로운 뇌연구 덕분에 낯설고 새로운 파트너들이 서로 협력하여 전문화된 산업과 생산품이 등장하게 되었다.

실제로 뇌연구는 완전히 새로운 산업을 양산하고 있다. 뇌연구 중 가까운 미래에 중대한 변화를 예고하는 세 가지 신경공학 영역은 뇌이식과 같은 신경장치, 신경약물학 및 신경영상으로, 요즘 한창 번창하고 있다. 2008년 발표된 '신경공학산업보고서' 에는 전 세계적으로 20억 명이 뇌질환으로 고통받고 있으며, 이로 인한 경제부담이 연간 2조 달러 이상이라고 보고한 바 있다. 2008년 전 세계에서 550여 개의 뇌 관련 공공기업과 민간기업의 수입이 9% 증가해 총 1,445억에 달할 정도이며, 그중 신경제제는 1,216억 달러, 신경장치는 61억 달러, 신경진단학은 168억 달러의 수익을 올렸다.

마찬가지로 군대에서도 이 분야에 크게 투자하고 있다. 신경공학과 신경연구는 심각한 뇌손상을 입거나 사지를 잃고 전쟁터에서 돌아온 수천 명의 병사들에게 도움이 될 것이다. 또한 그런 진보로 전쟁장비가 완벽해질 것이다. 신경 강화제 덕분에 병사와 전투기 조종사들이 며칠씩 말짱하게 깨어있을 뿐만 아니라, 최적의 상태를 유지하여 정신집중과 유연한 반응이 가능할 것이다. 뇌-기계 인터페이스로 새로운 무기를 개발하고 먼 우주나 적지 탐험이 가능할 것이다. 뇌영상 덕분에 뇌를 관찰하여 행동과 사고를 예측하고 통제할 수 있을 것이다.

뇌활동: 요약

여기에서는 뇌를 간단히 살펴봄으로써, 이후 각 장을 이해할 바탕을 마련하고자 한다.

우리 뇌는 3파운드의 무게로 조직, 신경, 체액으로 이루어져 있고 큰 호두처럼 보이지만 그보다 훨씬 더 부드럽다. 뇌에서는 뉴런이라는 수십억 개의 전문화된 세포들이 뉴런 사이의 작은 간극인 시냅스를 지나는 화학물질(특히 신경전달물질이라는)과 미세한 전하를 통해 네트워크를 형성하고 상호작용한다.

뇌는 대체로 '원시적인 뇌', '정서적인 뇌', '사고하는 뇌' 로 나누어진다.

'원시적인 뇌(뇌간 혹은 후뇌)'는 척수의 맨 위에 있으며, 숨쉬기, 심장박동, 소화, 반사작용, 수면, 각성 등의 자율기능을 담당한다. 여기에는 뇌에서 몸의 다른 부위로 메시지를 전달하는 척수와 자전거 타기나 공잡기처럼 균형 및 기계적인 동작을 조정하는 소뇌가 있다.

이외에도, 우리 뇌는 유사한 두 반구로 이루어져 있는데, 이 부위는 뇌량이라는 두툼한 섬유조직과 신경조직으로 연결되어 있다. 각 반구는 서로 약간 다른 기능을 수행하는데, 그 이유는 아직 알려진 바 없다. 양반구와 양반신의 메시지는 서로 교차되어 우뇌는 좌반신을 통제하고 좌뇌는 우반신을 통제한다.

'정서적인 뇌' 혹은 변연계는 중뇌 안 깊숙한 곳에 자리잡고 있으며, 척수를 대뇌피질인 '사고하는 뇌'와 연결하는 문지기 역할을 하고 있다. '정서적인 뇌'는 성 호르몬, 수면 사이클, 배고픔, 정서(그 중 가장 중요한 두려움), 감각자극, 기쁨과 같은 생존기제를 조절한다. 편도체는 보초 역할을 하고, 해마는 장기기억으로 가는 관문이며, 시상하부는 생체시계와 호르몬을 조절한다. 그런가 하면 시상은 감각정보를 피질의 사고센터로 전달한다. 시상을 둘러싼 기저핵은 수의운동을 담당한다. 소위 쾌락 중추로 불리는 보상회로 역시 변연계의 맨 아래에 있으며, 측좌핵과 복측피개영역이 여기에 속한다.

보통 우리가 많이 접하는 뇌부위로 우리 몸의 보석과 같은 존재인 '사고하는 뇌'는 맨 위에 있으며, 사고, 추리, 언어, 계획 및 상상을 담당한다. 시각, 청각, 언어, 판단 역시 이곳에서 이루어진다.

하지만 솔직해질 필요가 있다. 이 분야의 연구가 크게 진보했음에도 불구하고, 과학자들은 뇌기능에 대해서나 이런 뇌기능이 우리의 사고, 감정 및 행동과 어떤 관련이 있는지를 여전히 잘 모르는 상태이다. 정서와 기능(skill)을 담당하는 뇌영역이 밝혀졌다는 연구가 자주 발표되고 있지만, 여전히 이 연구들 대부분을 검증할 필요가 있다. 다시 말해, 뇌 연구자들은 우리의 양쪽 귀 사이에서 일어나고 있는 일을 밝히려고 계속 노력 중이다.

다행히도 우리는 점점 거기에 다가가고 있다.

뇌에 대한 관점 변화

아래에는 뇌에 대한 과거, 현재, 미래의 관점을 간단히 제시했다.

과거	현재	미래
우리의 뇌세포 수는 한계가 있고, 한 번 죽으면 대체될 수 없다.	뇌의 일부 영역에서는 새로운 뉴런이 만들어진다.	필요할 때마다 어디서든 마음대로 새로운 뉴런을 만들 수 있다.
우리 뇌는 기계나 컴퓨터처럼 고정불변하다.	환경과 마음에 따라 뇌는 매 순간 변한다.	바라거나 필요할 때 자기 뇌를 바꿀 수 있다.
뇌, 마음, 몸은 서로 분리되어 있다.	뇌, 마음, 몸은 서로 밀접하며 분리 불가능하다.	기계와 컴퓨터를 이용해 뇌, 마음, 몸을 향상시킬 수 있다.
뇌졸중으로 인한 손상은 대부분 회복 불가능하고, 몇 개월이 지나도 나아지지 않는다.	뇌졸중 환자들이 지속적인 치료를 통해 발작 후 한참 후에도 기능을 회복할 수 있다.	새로운 공학으로, 손상을 예방하고 손상된 영역을 회복시키며 뉴런을 대체할 수 있다.
뇌의 각 부위에는 특정 기능이 있다.	뇌는 네트워크화되어 있어서, 숙련된 기술자들이 협력하며 생활하는 공동체와 같다.	바라는 결과를 위해 뇌의 새로운 네트워크 형성을 주도할 수 있다.
약물로 파킨슨 병과 간질을 치료할 수 있지만, 완치는 어렵다.	뇌이식 덕분에 파킨슨 병과 간질로 인한 경련을 중단시킬 수 있다.	혈류에 주입된 단백질이나 나노봇이 손상된 영역을 찾아가 치료할 것이다.
기억은 정확하며 변하지 않는다.	기억은 변화 가능하다. 새로운 상황에서는 사건이 약간 수정되어 회상된다.	기억은 조작 가능하다. 기억하고 싶은 것은 기억하고, 그렇지 않은 것은 지울 수 있다.
나이가 들면 알츠하이머 질환과 뇌기능 손상이 나타날 수밖에 없다.	나이가 많을지라도, 활동하는 이의 뇌기능이 가만히 있는 이의 뇌기능에 비해 더 활성화되어 있다.	알츠하이머 질환을 치료할 수 있고, 대부분의 경우에는 완치도 가능하다.

수술은 손상된 뇌를 치료하는 최선의 방법 이다.	뇌치료법으로 수술보다 비침습적인 방법과 약물을 선호한다.	공학발달 덕분에 아주 심각 한 경우를 제외하고는 수술 하지 않는다.
백지상태라서 환경(양육) 이 정신적 잠재력을 결정한다.	부모의 영향이 강력해서 유전(천성)이 정신적 잠재력을 결정한다.	후성유전학(유전과 환경, 그리고 우리 자신의 사고, 감정, 행동)이 우리 뇌를 결정한다.
의식은 미스터리이다.	의식은 미스터리이다.	의식은 미스터리이다.

1장

변화 가능한 뇌

신경발생, 신경가소성, 후성유전학

개 요

아침에 일어날 때마다, 우리는 말 그대로 새로 태어난다. 이는 우리 몸의 많은 세포들이 새로운 세포로 대체될 뿐만 아니라, 우리 뇌의 활동이 아주 왕성하기 때문이다. 과학자들은 우리 뇌가 진행 중인 작품이라는 사실을 발견했다. 우리 뇌의 일부 영역에서는 매일 새로운 뉴런이 형성되고, 우리의 경험, 사고, 느낌 및 욕구에 따라 시시각각으로 네트워크가 변화한다. 실제로 우리 뇌는 일부 유전자의 활성화 여부를 직접 주도할 수도 있다.

The Scientific American **Brave New Brain**

과거: 우리 뇌는 고정불변하며, 태어날 때 평생 사용할 뇌세포를 다 가지고 태어난다. 뇌세포는 한 번 없어지면 재생되지 않기 때문에 주의해야 한다.

현재: 누가 알았겠는가? 나이가 들어도 일부 뇌영역에서 새로운 뉴런과 네트워크가 형성되며, 우리의 행동, 사고 및 정서에 따라 뇌가 물리적으로 변화될 수 있다는 사실을! 우리의 유전자가 곧 우리의 운명은 아니며, 적어도 운명 자체일 수는 없다.

미래: 우리가 변화를 주도할 것이다. 필요한 때에 새로운 뇌세포와 네트워크의 생성을 촉진할 수 있다. 나아가 유전자의 발현여부를 마음대로 주도하여 뇌손상을 치료하고 기능을 회복하며 수행을 최적화할 수 있다. 또한 뇌를 재구성하여 기억을 조작하고 심지어 치매와 정신지체를 치료할 수 있다.

뇌에 스스로 변화하는 놀라운 능력이 있다는 혁명과도 같은 발견이 이루어진지 채 10년도 안 되었다. 오랫동안 생물학자들은 뇌세포가 출생 무렵 다 생성되며, 그 후로는 서서히 사라진다고 믿었다. 1990년대에 들어와 성숙한 포유류의 해마와 후각구에서 새로운 뉴런이 형성되고 나이가 들어서까지 그런 현상이 계속된다는 놀라운 소식이 발표되면서, 신경생물학계는 충격을 받았다. 이 과정을 신경발생neurogenesis이라고 한다.

과학자들은 오랫동안 의심해왔던 사실, 즉 우리 뇌가 고정불변하지 않다는 사실을 입증하기도 했다. 말하자면, 우리 뇌는 네트워크와 연결을 대체하고 재조정하며 바꾸기 위해 새로운 통로를 만들고, 심지어 한 영역이 다른 영역을 대체하면서까지 재탄생할 수 있다. 가령, 뇌졸중이나 외상으로 뇌 일부가 제 기능을 못할 경우에는 다른 영역에서 그 기능을 떠맡는다. 또한 우리가 배우고 행하며 생각한 사항을 반영하여 뇌가 변화되기도 한다. 실제로 우리 뇌에서는 거의 매일 매순간 물리적 네트워크를 재배열하는데, 이를 신경가소성neuroplasticity이라 한다.

그 후 과학자들은 우리의 행동, 사고, 감정 및 환경이 일부 질환(암에서 정신분열증에 이르는)의 발현 여부, 뇌기능 및 인성 특성을 바꿀 만

우리 뇌는 컴퓨터일까? 아니, 맥가이버 칼일 거야. 아니야, 잠깐! 인터넷일 걸!

몇 세기 동안 과학자들은 뇌의 각 영역, 즉 전문 용어로 '구성요소'에 초점을 맞추어왔다. 오래전에는 과학자들이 뇌를 기계와 같다고 생각했고, 한 세기가 지난 후에는 뇌를 일종의 컴퓨터로 보는 견해가 주를 이루었다. 최근에 와서는 맥가이버 칼에 비유하기도 하는데, 이는 우리가 뇌지도를 그릴 때 알고 있었던 것에 해당하는 것 같다. 즉, 신경해부학자들에 따르면, 시각피질은 시각자극을 처리하고, 브로카 영역은 언어 중추이며, 기타 여러 영역에서 얼굴인식, 위험감수, 사랑, 심지어 종교와 같은 특정 기능 및 개념을 다룬다는 것이다.

하지만 이제와서는 이런 비유 역시 다소 단순화되었음이 밝혀졌다. 뇌에 대해 더 알수록, 회로를 구성하는 각 모듈의 긴밀성 정도에 따라 뇌활동 정도가 달라진다는 사실이 분명해졌다. 그리고 보면 뇌는 인터넷에 더 가깝다.

물론 뇌영역은 전문화되어 있다. 간단히 말하자면, 피질에서는 논리와 이성을, 변연계에서는 정서와 비합리성을 담당하고, 상호 연결된 수많은 신경 네트워크는 모듈과 같은 단위를 이룰 것이다. 하지만 오늘날에 와서는 대부분의 뇌활동이 주름 곳곳에서 나타나는 것으로 보이는데, 이는 인터넷에 비견되는 '분산지능distributed intelligence'이다.

큼 유전자에 강력한 영향을 줄 수 있다는 사실(구체적으로 말하면, 유전자의 발현 여부)도 발견했다. 이것이 바로 후성유전학epigenetics이다.

활동 중인 뇌를 실시간으로 보여주는 새로운 영상기법과 그로 인한 탁월한 결과들 덕분에 완전히 새로운 뇌연구의 장이 열리고 인지의 엄청난 영향력을 알게 되었다. 이들 연구에서는 아동기의 유기(遺棄), 학대, 왕따가 어떻게 뇌발달을 방해하는지를 제시했으며, 종교체험, 명상, 자기개발 프로그램, 긍정적 사고 및 자신의 의지를 통해 긍정적 변화가 가능하다는 오랜 믿음을 입증했다. 마찬가지로 심리치료나 인지행동치료와 같은 대화치료가 인생을 어떻게 바꾸는지와 그 이유도 밝혔다.

현재 연구자들은 이런 변화를 이해하는 동시에 긍정적으로 개선하는 방법을 연구 중이다. 이들 방법은 간단하면서도 놀라우리만큼 효과적인 것(뇌졸중 환자의 건강한 사지를 뒤로 묶어 손상된 사지를 사용할 수밖에 없게 해서 뇌가 새로운 통로를 만들게 하는 방법)에서부터, 기술적·과학적으로 아주 복잡한 뇌-기계 인터페이스(우울증, 떨림, 경련을 막기 위한 뇌이식 같은)와 생각만으로 작동하는 인공부품에 이르기까지 다양하다.

신경발생

누구나 "만약 네가 ~한다면, 너의 뇌세포를 죽이는 것이다."라는 경고를 들은 적이 있을 것이다. 아주 최근까지도 과학자들은 태어날 때 평생 사용할 뇌세포를 다 가지고 태어난다고 믿었기 때문에, 그 말은 상당히 절망적인 경고라고 할 수 있다. 즉, 한 번 망가지면, 그 굴레에서 벗어날 수 없다는 말이다.

그러나 최근 우리는 긴장을 좀 늦출 수 있게 되었는데, 이는 우리 뇌의 두 영역 즉, 해마(학습과 기억을 담당하는 구조)의 치상회와 후각구에서 새로운 세포가 생성된다는 사실을 알게 되었기 때문이다. 그리고 이런 결과는 아직 우리가 확실히 모를 뿐, 다른 뇌영역에서도 새로운 뉴런이 생성될 가능성이 있음을 암시한다.

이런 연구는 대부분 동물을 대상으로 이루어졌지만, 일부 인간을 대상으로 한 연구에서도 이런 결과를 뒷받침한다. 이들 연구는 새로운 세포 생성을 파악하려는 표지액 주사와 사후 뇌기증을 기꺼이 허락해준 말기암 환자들을 대상으로 이루어졌다. 부검결과에서는 노화와 죽음을 앞둔 마지막 순간까지 뇌에서 새로운 뉴런이 생성되는 것으로 나타났다.

화학치료에서는 새로운 뉴런이 생성되지 못할 때 어떤 일이 일어날지를 잘 보여준다. 화학치료는 새로운 세포 생성에 필요한 세포 분열을 방해한다. 그래서 암이나 기타 위독한 일부 질환으로 화학치료를 받은 환자들은 케모브레인chemobrain(화학치료 후 나타나는 기억력 감퇴 등의 후유증)에 시달리곤 한다. 그들은 새로운 정보를 처리하는 동안 여러 과제를 동시에 무난히 수행하는 일과 같이, 누구나 도전감을 느끼는 것도 배우고 기억하기가 어렵다.

　　우리 뇌는 언제든 활용 가능하게끔 새로운 뉴런이 계속 만들어져 지적 유연성을 유지하기 때문에, 과학자들은 이를 활용해 인지감퇴를 초래하는 장애를 예방하거나 치료할 방법을 찾고 있다. 동시에 과학자들은 우리가 새로운 뇌세포를 사용하지 않으면 이들 세포가 사라져 버린다는 사실도 발견했다.

신경가소성

과학자들은 오래전부터 뇌 스스로 변화될 수 있다는 사실을 알고 있었다. 실제로 우리 뇌는 내·외적 경험에 따라 매순간 변화할 것이다. 이런 변화는 주로 뉴런들 특히, 새로 형성된 뉴런들 간의 새로운 연결과 네트워크가 증가했기 때문이다.

　　우리는 다양한 경험을 통해 가장 많이 활용된 네트워크가 더 활성화되어 뇌구조가 변화된다는 사실을 알고 있다. 가령, 음악가일 경우에는 자기 악기의 연주와 관련된 뇌영역이 일반인이나 다른 악기를 연주하는 음악가에 비해 과도하게 크다. 도시의 지리를 꿰뚫고 있는 런던의 택시기사에 관한 10년 전의 연구에서도 같은 결과를 제시한다. 택시기사들은 일반인보다 해마가 더 컸는데, 이는 그들이 처리해야 할 정보가 엄청나게 많음을 시사한다. 더욱이 그들이 도시 주변의 복잡한 길을 운전한 기간이 길수록, 해마는 더욱 컸다.

　　또한 모든 기능이 원활한 노인 중에도 뇌의 외관이 알츠하이머 질환의 흔적, 병변 및 반(斑: plaque) 투성이인 경우가 있는 것으로 밝혀졌다. 심지어 한쪽 반구가 없는 뇌마저도 그 기능이 원활했다.

우리는 뇌가 치명적인 손상 후에도 죽은 영역을 피해 새로운 연결을 만들면서 스스로 회복된다는 사실을 알고 있다. ABC 텔레비전의 리포터인 Bob Woodruff의 예를 들어보자. 그는 이라크 전쟁을 취재하다 2006년 도로변 폭탄사고에서 두개골의 일부분이 아예 없어질 정도로 아주 심각한 뇌손상을 겪었고, 그로 인해 1개월 이상을 혼수상태로 지내야 했다. 그가 다시 리포터로 일할 수 있을지는 물론이고 다시 걷게 될 것이라고 생각하는 사람도 거의 없었다. 실어증을 극복하기 위해 다시 말을 배우는 등 일 년이 넘는 집중치료 끝에, 그는 부상병의 곤경과 정부의 지원 부족을 주제로 한 충격적인 다큐멘터리를 완성했다. 그 후 그는 이라크에 가서 다시 리포터로 활약하고 있다.

물론 Woodruff는 일반인이 접하기 어려운 고비용의 집중치료 혜택을 받았다. 그럼에도 불구하고 그의 회복은 뇌가 얼마나 놀라운지를 보여 주는데, 그가 젊지 않았다는 사실을 고려하면(부상 당시 그는 44세였다) 더 그렇다.

우리는 최근까지도 지적 도전과제, 의도적인 뇌훈련, 불안, 기쁨 등의 생각과 정서가 우리 뇌를 물리적으로 바꾼다는 사실을 잘 몰랐다. 그러고 보니 마음수행의 생물학적 근거가 있는 것 같다. 우리는 몸을 변화시키기 위해 반복운동을 배우는 것처럼 뇌를 변화시키는 기술도 배울 수 있다. 명상은 뇌를 변화시키는 대표적인 활동이다. 연구에서는 규칙적인 명상수행으로 신체적·정신적·정서적 변화가 가능함을 제시했다. 오랫동안 명상수행을 해온 사람들은 양반구의 활동이 좀 더 균형 잡히고, 걸핏하면 흥분하는 편도체가 흥분 상황에서도 다소 진정되며, 집중과 관련된 여러 뇌영역이 크게 활성화되어 있다('명상으로 뇌를 향상시켜라', 46페이지 참고).

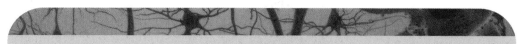

100세 이상 장수자의 증가

100세 이상 장수자들은 미국 사회에서 가장 급속도로 증가하는 연령층이고, 전문가들은 2050년쯤 그 수가 백만 명 정도에 이를 것으로 예측한다.

우리가 현재 60세 이하라면, 우리 역시 그 일원이 될 가능성이 있다. 이를 바라는 마음이 있다면, 뇌에 관심을 갖길 바란다.

주변에 동년배들이 많을 것이다. 실제로 많은 나라에서는 80세 이상의 연령층이 가장 빠르게 증가하고 있다. 국립노화연구소National Institute on Aging: NIA에서는 2040년 무렵 전 세계적으로 65세 이상의 인구가 13억에 이를 것이라고 발표했다. 10년 이내에 전 세계의 60세 이상 인구가 인류사상 처음으로 5세 이하 아동 수를 초월할 것이다.

개발도상국의 경우에는 이 연령층의 인구가 가장 급속도로 증가할 것이다. 2040년 무렵 이들 국가에는 60세 이상의 인구가 10억 이상이 될 텐데, 이는 예상되는 세계 전체 노인 수의 76%에 해당된다.

현재 60세인 이들이 100세가 될 무렵에는 확실히 흥미로운 시대, 즉 중국인(여담이지만, 2040년 무렵 세계에서 가장 큰 노인 인구층이 될)의 오랜 축복(또는 저주) 속에서 살게 될 것이다. 이처럼 전 세계의 고령화로 지구의 사회·경제적 특징이 바뀌고 몇 가지 심각한 도전이 등장할 것이다.

그야말로 대단한 시대이다.

후성유전학

과학자들은 우리 뇌가 스스로 변화하는 한 가지 방법은 후성적 과정에서 유전자를 실제로 바꾸는(좀 더 정확히 말하면, 어떤 유전자의 발현 여부를 바꾸어) 과정을 통해 가능하다는 사실을 알고 있다.

우리는 조상으로부터 물려받은 디옥시리보핵산DNA 전체인 게놈 안에 우리 고유의 몸과 뇌 구성에 필요한 명령이 포함되어 있다는 사실을 알고 있다. 후성유전자라는 또 다른 층의 정보는 DNA 주변에 붙은 단백질과 화학물질에 저장되어 있다. 이는 어떤 유전자가 활성화될지 여부를 결정하는 일종의 화학적 스위치라고 할 수 있다. 후성유전자는 우리의 유전자가 언제, 어디서, 어떻게 해야 할지를 명령한다.

연구자들은 후성유전자가 노화나 식이요법에서 환경독소, 심지어 우리의 생각과 느낌에 이르는 많은 요소의 영향을 받을 수 있음을 발견했다. 이는 우리의 경험마저도 기능을 조절하는 DNA에 화학도금을 하여 말 그대로 우리 마음을 바꿀 수 있다는 의미이다. 그런 코팅은 근본적인 유전자 코드를 바꾸지 않고도 특정 유전자의 발현 여부를 조절하여 우리의 정신 상태에 영향을 미치는 단백질 생성을 중단하거나 증가시킬 수 있다.

후성유전학 덕분에 과학자들을 오랫동안 당황스럽게 했던 천성과 양육 간의 격차(동일한 DNA를 지닌 일란성 쌍둥이끼리도 어떤 질병과 특성이 한 사람에게만 나타나는 이유나 이런 특성이 격세유전하는 이유)를 설명할 수 있게 되었다. 후성유전학은 신경가소성 설명에도 도움이 된다.

어떤 연구자는 DNA를 일부는 비밀번호로 보호하되 일부는 열어 놓는 컴퓨터 하드디스크에 비유한다. 독일의 자를란트 주에 거주하는 Jörn Walter는 에피지놈Epigenome이라는 웹사이트에 "후성유전학은 그 디스크의 내용에 접근하는 프로그래밍"이라고 적은 바 있다.

후성유전학은 우리의 건강과 행복에 큰 영향을 주어, 암과 같은 일부 질병에 대한 취약성뿐만 아니라, 정신건강에도 영향을 주는 것 같다. 예를 들어, 과학자들은 스킨십을 하거나 애정어린 행동을 하는 어미 쥐의 보살핌이 새끼 쥐의 불안과 스트레스를 완화하고 정서적 회복력을 강화하는 유전자의 발현을 촉진했다고 발표했다. 그들은 스트레스를 야기하는 사건이 뇌세포의 성장을 촉진하는 단백질 형성에 필요한 유전자의 발현을 막아 우울증을 초래할 뿐만 아니라, 후성유전적 변화가 정신분열증, 자살, 우울증, 약물중독과 같은 병리현상의 원인이 될 수 있다는 사실도 발표했다.

변화 가능한 유전자가 발현되는 과정은 아주 복잡하고 심층연구가 필요한 새로운 영역이다. 최근에 와서야 생물학자들은 후성유전적 변화도 DNA처럼 유전될 수 있다는 사실을 발견했다. 마찬가지로 지적 자극을 풍부히 제공하는 환경이나 약물로 유전자 발현 여부를 조절하여 인지적으로 손상된 동물의 학습과 기억을 증진시킬 수 있다는 사실도 발견했다. 훗날 인간의 기억장애 치료에서도 비슷한 방식을 택할 것이다. 이 분야는 새로 개척해야 할 것이 많은 유망한 분야이다. 2008년 미국 국립보건원National Institutes of Health: NIH에서는 이렇게 유망한 연구 분야를 위해 1억 9천만 달러를 투자하여 5년짜리 로드맵 후성유전체학 프로그램 Roadmap Epigenomics Program에 착수했다.

새로운 뇌세포 유지의 비결

우리 뇌는 신생아실과도 같다. 즉, 매일 새로운 뇌세포가 태어나는 것 같다. 하지만 뇌에서 이런 새로운 뉴런이 항상 유지되는 것은 아니다. 아기들과 마찬가지로, 새로 태어난 뉴런이 살아남으려면 특별한 보살핌이 필요하다. 과학자들이 밝힌 바에 의하면, 이는 응석을 받아주라는 의미가 아니라 새로운 뉴런이 도전받고 연습하며 열심히 활동해야 한다는 의미이다.

우리가 이들 세포를 사용하지 않으면, 바로 사라져 버린다. 동물연구에서는 새로운 것, 특히 많은 노력을 기울여야 하는 어려운 것을 배울 기회가 없으면 대부분의 새로운 뇌세포가 2주 내에 사라진다는 사실을 제시했다. 여기에서는 '새로운 것'이 중요한데, 과거의 활동을 단순 반복하는 것만으로는 새로운 뇌세포를 유지하기 어렵기 때문이다.

새로운 뉴런들이 도대체 뭘 하고 있는지, 우리가 왜 새로운 뉴런을 만드는지에 대한 과학자들의 견해는 여전히 분분하다. 죽어가는 세포를 대체하기 위해 새로운 뉴런이 만들어지는가? 한 견해에 따르면, 그런 뉴런들은 백업판과 같은 역할을 하며, 만일의 경우를 대비해 생성된다는 것이다. 이 견해에서는 뇌에 부하가 걸리는 상황에서 새로운 뇌세포가 있으면 뇌에서 지원을 요청하여, 운동으로 몸을 만드는 것처럼 정신훈련으로도 뇌를 단련시킬 수 있다고 제안한다.

과학자들은 실험을 바탕으로 매일 5,000~10,000개의 새 뉴런이 해마에서 생성된다는 사실(인간의 뇌에서는 새 뉴런이 얼마나 많이, 얼마나 자주 만들어지는지 아직 모르는 상태이다)을 발견했다. 생성률은 환경요인에 따라 달라진다. 가령, 과도한 음주는 새로운 뉴런의 생성을 늦추는 반면, 운동은 이를 촉진했다. 가만히 있는 쥐에 비해 쳇바퀴를 정기적으로 돌았던 쥐의 경우 뇌세포가 두 배 정도 더 생성되었다. 우리 안을 다채롭게 꾸미거나 흥미를 끌 만한 새로운 장난감이 있을 때와 마찬가지로, 항산화 성분이 풍부한 블루베리를 먹는 것도 쥐의 해마에서 새로운 뉴런의 생성을 자극했다.

Tracy Stors, 성인의 신경발생 발견자인 Elizabeth Gould 등은 쥐의 뇌와 어려운 학습의 중요성을 연구하면서 학습과 신경발생의 관계를 검토해왔다. 이 실험에서 그들은 먼저 새로운 세포에만 표를 하는 약물인 브로모데옥시우리딘bromodeoxyuridine: BrdU을 동물에게 주사했다. 일주일후, 연구자들은 BrdU을 주사한 쥐의 반을 훈련 프로그램에 참여시켰고, 나머지 반은 우리 근처의 휴게실에서 쉬게 했다.

훈련 프로그램에 참여한 쥐들은 눈 깜빡임 훈련을 받았다. 즉, 특정음을 들려준 뒤(보통 0.5초 후) 깜빡임을 유도하는 공기주입과 같은 약한 자극으로 눈꺼풀을 살짝 자극했다. 수백 번의 시도 후에 쥐들은 특정음과 자극을 연결 짓고, 자극이 언제 나타날지를 파악하여 자극이 나타나기도 전에 눈을 깜빡일 수 있었다. 즉, 과거에 일어났던 일을 토대로 미래에 어떤 일이 일어날지를 예측하는, 이른바 예측학습이 이루어진 것이다.

과학자들은 우리에 가만히 있었던 쥐들에 비해 4~5일 정도 눈 깜빡임 훈련을 했던 쥐들의 해마에 새로운 뉴런이 더 많음을 발견했다. 정신훈련을 받지 않은 쥐들은 새로운 뉴런이 극히 적었고, 훈련에도 불구하고 학습하지 못한 쥐들(또는 학습이 저조한 쥐들)은 새로운 뉴런이 거의 유지되지 않았다. 즉, 800번이나 시행하고도 눈 깜빡임 자극을 예측하지 못한 쥐들은 우리에만 있었던 쥐들과 마찬가지로 새로운 뉴런이 거의 유지되지 않았다.

동물이 학습을 잘 할수록 새로운 뉴런이 많이 유지되었다. 이 덕분에 과학자들은 학습과정(단순히 새로운 우리나 새로운 일상에 노출되는 정도의 훈련이 아니라)이야말로 새로운 뉴런을 존속시키는 방법이라는 사실을 확신하게 되었다.

고진감래로다!

안타깝게도 연구에서는 모든 학습이 다 동일하지 않다는 사실도 제시했다. 쉬운 과제를 배우거나 연습하는 일은 별 소득이 없어 보인다. 새로운 뇌세포를 유지하는 것은 근육을 유지하는 것과 같다. 우리는 뇌세포를 열심히 단련시켜야 한다.

연구에서는 대부분의 쥐들이 훈련을 받은 경우에만 새로운 뉴런이 남았음을 제시했다. 가령, 수조 속의 쥐가 눈에 빤히 보이는 물속의 플랫폼으로 헤엄쳐갈 경우에는 새로운 뇌세포가 유지되지 않았다. 과학자들은 이런 과제가 그리 많은 생각을 요구하지 않기 때문이라고 추측했다. 하지만 쥐들이 특정 음과 자극 사이의 시간을 계산해야 할 경우에는 과거 경험을 바탕으로 미래를 예측하는 어려운 과제라서 뉴런이 살아남을 수 있었다.

반면 몇 가지 희소식도 있다. 과제에 숙달되기까지 시간이 더 걸렸던 쥐(노력형 쥐)들은 곧바로 배운 쥐들에 비해 새로운 뉴런이 더 많이 남아 있었다. 과학자들은 헬스장에서 운동할 때나 계산을 배울 때처럼, 노력할수록 얻는 게 많다는 것을 의미한다고 보았다.

하지만 훈련의 종류도 중요하다. 즉, 십자 말풀이나 기억력 게임은 우리의 뉴런에 그리 도전적이지 않을 것이다. 도전적이려면, 과제가 약간 어려워야 한다. 또한 이미 학습한 기능을 반복하는 것은 기능 숙달에는 유용할지라도, 인지능력 향상에는 그리 도움이 되지 않는다. 배우기 어려운 과제일수록 대다수의 뉴런이 유지되었고, 문제가 흥미롭고 도전적일수록 더 많은 뉴런이 살아남았다. 여기에서 흥미롭고 도전적인 과제로는 바이올린이나 락기타 연주 또는 이탈리아어를 배우는 것 등을 들수 있고, 무기생물학 공부(물론, 무기생물학 공부가 흥미롭고 도전적이라 생각한다면, 이는 다른 문제이다)는 그 반대라 할 수 있다. 일화연구와 일부 인간 대상 연구에서 이런 결과를 지지하긴 하지만, 아직까지 이를 입증할 만한 인간 대상의 뇌 실험연구는 없다.

일화연구에서는 노력을 요하는 학습이 일부 치매환자들에게도 효과적임을 제시했다. Stors와 동료 연구자들이 알츠하이머 질환을 비롯한 치매성 질환에 관한 학술대회에서 그들의 동물실험 결과를 발표했을 때, 청중들 중 의료종사자들이 강한 흥미를 보였다. 그들은 자기 환자들이 힘든 훈련을 통해 향상되었음을 보고했다. 그들은 어려운 인지활동에 스스로 참여한 환자들의 경우 치매성 질환이 둔화되었다고 보고했다.

뇌훈련 프로그램은 도우미일까, 과장광고일까?

연구들에서 뇌가 근육과 같다고(사용하지 않으면 사라질 것이라는 점에서) 제시하다 보니, 많은 전문가들은 뇌를 훈련시켜야 한다고 주장한다. 그리고 이처럼 훈련을 권하는 전문가들은 대부분 인지훈련 프로그램 제작자들이며, 현재 이 분야는 2억 2천5백만 달러 이상의 부가가치를 창출하는 산업이 되었다.

이렇게 값비싼 프로그램들이 돈 들이지 않고도 스스로 뇌를 훈련하는 체스 두기나 새로운 언어 학습 또는 만돌린 배우기만큼 효과적일까? 아마도 아닐 것이다. 설사 그렇다 할지라도, 특정 활동이 다른 활동보다 더 낫다고 말하기는 어려울 것이다. 아직은 대부분의 연구결과에 대해

체중이 증가하면 머리가 나빠질까?

비만은 우리 뇌에 나쁜 영향을 줄까? 비만으로 우리 뇌의 회백질이 축소되는 것 같다. 〈피츠버그 건강여성 연구Pittsburgh Healthy Women Study〉에서는 15년 동안 평균 체중이 증가한 48명의 여성들을 연구했다. 그 결과에 따르면, 아주 건강할지라도 체중이 크게 증가한 여성들은 뇌의 회백질이 감소한 것으로 나타났다. 이 연구를 수행한 과학자들이 이 결과가 무엇을 의미한다거나 과체중이 그 원인이라고 확실히 밝히지는 않았지만, 비만 자체가 뇌졸중이나 심장발작으로 인한 뇌손상 위험을 높이기 때문에, 이 결과로 비만에 대한 공격거리를 하나 더 확보한 셈이다.

그리고 비만의 원인이 되는 유전자가 존재하는 것으로 보인다. 실제로 뇌의 세 가지 유전자가 비만과 관련되어 있다. 그 유전자들에 별 문제가 없다면, 부적절한 다른 요인과 관련될 수도 있다. 최근 NRXN3 유전자의 변이종이 알코올 의존도, 코카인 중독 및 불법 약물남용과 연관된 것으로 밝혀졌다.

견해가 분분한 상태이다.

브라운대학교의 신경과학자 Peter Snyder는 20여 개에 달하는 소프트웨어 관련 연구들을 검토한 후, 이 프로그램들 모두 기대에 못 미친다는 결론을 내렸다. 물론 Snyder는 이들 연구에 통제집단 부족, 추후연구 부족 등 혼란요인을 야기하는 결점이 있다고 경고했다. 실제로 그가 검토한 프로그램의 30% 이상은 너무 조잡해서 2009년 상반기에 〈알츠하이머 질환과 치매Alzheimer's & Dementia〉라는 저널에 실린 논문분석에 넣을 수 없을 정도였다. 그가 보기에 소프트웨어 회사들은 제품이 장기적으로 효과적임을 증명하라는 강한 압박을 받고 있었는데, 연습하지 않은 기능을 촉진하거나 실제적인 사고력을 증진시킬 정도로 유연한 프로그램은 거의 없었다. 다른 학자들도 반복 위주의 뇌훈련 프로그램으로 해당 과제에 숙달되긴 하겠지만, 사고기능이 향상되지는 않았다고 보고했다.

〈사이언티픽 아메리칸 마인드〉에 실린 논문에서 Kaspar Mossman은 일련의 프로그램을 표집하여 8주간 검토한 후에, 그 소프트웨어의 몇 가지 유용성은 알았지만, 딱히 더 영리해진 것 같지는 않다고 결론지었다. 이는 그가 아직 인지적 어려움을 겪을 나이가 아닌 30대이기 때문일 수도 있다. 그러나 프로그램 개발자들은 이처럼 상호적인 프로그램이 기억 감퇴를 겪고 있는 이들에게는 아주 효과적이라고 주장한다.

만약 이런 프로그램을 사용해보고 싶을 경우에는 어떤 프로그램을 사용하면 좋을까? 우리는 온라인상에서 무료로 제공되는 샘플을 이용해 자신에게 가장 효과적인 훈련을 찾을 수 있을 것이다. 가장 중요한 것은 그런 프로그램 활용을 즐기는가, 프로그램 수준이 적절히 도전적인가, 꾸준히 하는가이다.

아니라면, Snyder의 조언을 고려해보자. 그가 말하는 최선의 기억 증진법은 운동이고, 그 다음은 좋은 식이요법과 활발한 사회활동이다.

아니, 그렇다면 Snyder의 말은 이 책을 읽는 게 중요하지 않다는 뜻일까?

이 분야와 우리 뇌의 미래

좋은 질문이다. 지금까지 우리는 상세한 연구를 위해 주로 해부 가능한 동물의 뇌를 살펴보았다.

과학자들은 알츠하이머 질환, 외상 또는 뇌졸중으로 뇌손상을 겪은 사람뿐만 아니라, 건강한 사람들의 뇌에서 신경발생을 촉진하는 방법을 적극 모색하고 있다. 신경발생이 어떻게 이루어지는지를 안다면 뇌심부자극술Deep Brain Stimulation: DBS, 약물치료, 유전자치료, 줄기세포 대체 치료 중 어떤 치료가 해마나 다른 뇌영역의 새로운 뉴런을 가장 잘 자극할지도 알게 될 것이다. 또한 어떤 뇌훈련이 뇌에 물리적으로 유용할지도 알게 될 것이다.

과학자들은 신경가소성을 촉진하는 방법과 후성유전자를 조절하는 방법을 알고 싶어 한다. 이는 정신질환, 불안, 우울증이 있는 뇌를 조절하여 손상된 뇌의 유연성과 자기치유력을 높이고, 자폐나 유전자 손상이 있는 뇌의 재구성을 도우며, 필요할 경우 유전자 발현 여부의 조절방법을 배우기 위해서이다.

연구자들은 알츠하이머 질환 연구에 투자되는 몇 십억 달러의 지원을 받아 다양한 연구 분야의 많은 이론과 활동에 심혈을 기울이고 있다 ('기억장애인 알츠하이머 질환', 57페이지 참고).

하지만 연구자들은 우선 기본적인 사항에 대해 더 많이 알아야 한다. 어떤 분자 기제와 신경전달물질이 관여하는가? 어떤 수용기 단백질인가? 그리고 정확히 언제 이러한 기제가 작용하는가? 학습은 새로운 뉴런이 신경망에 통합될 때 도움이 되는가, 아니면 이미 연결된 신경망의 유지를 촉진하는가? 그리고 새로운 뉴런들이 어떻게 그렇게 되는가? 애당초 왜 우리는 새로운 뇌세포를 만들어 내는가? 우리는 더 건강한 뇌를 만들기 위해 과외의 뇌세포 생성을 촉진할 수 있는가? 학습이 새로운 뉴런의 생존율을 높이는 것으로 보이긴 하지만, 생산되는 새로운 세포 수를 조절하는 것 같지는 않다.

새로운 뉴런의 과잉생성이 해로울 수 있다는 점에서, 특정 치료에 의한 신경발생 정도의 조절방법은 또 다른 주요 관심사이다. 가령, 일부 간질의 경우에는 신경줄기세포의 분열이 계속된 나머지, 새로운 뉴런이 유용한 연결을 형성할 수 있는 범위를 벗어난다. 신경과학자들은 연결을 이루지 못한 세포들이 엉뚱한 곳으로 갈 뿐만 아니라 성숙하지 못하여 발작을 일으키는 골칫거리 뇌회로가 된다고 본다. 따라서 연구자들이 먼저 이런 과정을 제대로 이해할 필요가 있다.

뇌연구가 진일보하려면, 뇌를 해부하지 않고도 활동 중인 뇌를 들여다볼 수 있는 좀 더 나은 방법이 필요하다. 새로운 뇌세포가 생성될 때 인체에 어떤 일이 생기는지, 그리고 그런 세포들이 어떻게 죽거나 유지되는지를 정확히 알게 된다면, 많은 뇌질환의 예방이나 회복에 크게 기여할 통찰력이 생길 것이다. 과학자들은 나날이 새로워지는 신경영상기법 덕분에 점점 더 많은 것을 알게 되었다('뇌영상으로 본 우리 뇌', 91페이지 참고).

우선 뇌세포를 활성화시키려면 생활양식부터 바꿔야 할 것이다. 그 예로는 뇌촉진 활동, 운동, 균형 잡힌 식생활, 평화롭고 행복한 마음 갖기 등을 들 수 있다('6가지 뇌 향상 시크릿", 43페이지 참고). 즉, 도전적인 정신활동이나 흥미롭고 고무적인 장난감이 풍부한 환경, 원기왕성한 운동, 항산화제와 비타민이 풍부한 진한 녹황색 채소와 과일 섭취, 명상(새로운 뇌세포를 죽이는 것으로 알려진 스트레스를 줄이는)과 같은 이완활동이다.

그리고 이런 요소들 다 우리 몸에도 유익하다는 점은 보너스이다.

2장

브레인파워 높이기

개 요

트럭 운전기사든 군인이든 학생이든 나름대로 브레인파워를 높인다. 티벳 승려도 마찬가지이다. 설사 우리가 부인할지라도, 우리 역시 그렇게 할 것이다. 우리 인간은 몇 천 년 동안 음식조절과 마음조절을 통해 브레인파워, 인내력, 정서적 균형을 높이려는 노력을 경주해왔다. 일부에서는 논란의 여지가 있는 ADHD 치료약을 맹신하고 있지만, 아직까지 '영리해지는 약'은 없다. 그런데 우리 뇌를 향상시킬 만한 다른 방법이 있다. 이는 시간이 증명해준 방법이고 과학적으로 입증된 것이며 부작용이 전혀 없고, 합법적이며, 돈도 안 든다. 그건 바로 명상이다. 명상은 전 세계의 수백만 명에게 효과적이었다.

The Scientific American **Brave New Brain**

과거: 동물 추출물과 약초가 브레인파워를 높이는 것으로 널리 알려져왔다. 카페인, 카페인 알약 및 마약으로 우리의 의식을 깨우고 더 오래 집중할 수 있었다. 기분전환용 마약, 최면, 환각음악, 초월명상으로 의식을 확장시켰다.

현재: 주의집중을 높이고 잠을 쫓으며 수행을 향상시킨다는 미명하에, 암페타민이 함유된 ADHD 약물을 판매하는 암시장과 허가 외 투여가 판치고 있다. 브레인파워나 기억력을 향상시킨다고 선전하는 온라인 프로그램이 거대한 시장을 형성하고 있다. 하지만 과학적 연구결과에서는 명상과 운동도 우리 뇌를 향상시킬 수 있음을 보여준다.

미래: 안전한 화학약품, 나노봇과 같은 영리한 입자, 전기자극, 뇌에 이식한 컴퓨터 마이크로칩 및 실제로 효과적인 인지 프로그램(명상 등)으로 우리의 브레인파워를 높일 것이고, 유치원에서부터 명상을 가르치게 될 것이다.

멋지고 새로운 약학 분야

아직은 '영리해지는 약'이 없지만, 심리약학 분야에서는 정말로 영리해지는 약이 나타날 때까지 공백을 메워줄 상당히 효과적인 일부 약물을 비축하고 있다. 그 약물은 곧 주의력 결핍 과잉행동 장애ADHD 조절을 위한 흥분제이다.

4백만 명에 육박하는 미국 아이들이 ADHD(주의집중 유지가 어려운) 진단을 받았고, 이 중 반 정도는 어떤 형태로든 처방약을 복용 중이다. ADHD가 있는 수백만 명의 성인들도 약을 복용하고 있다. 그 중 일부는 활동을 진정시키고 주의집중을 높이며 장기적인 주의집중을 유지하기 위해 이런 약물을 수십 년 동안 복용했다. 심지어 때로는 일반인들도 이런 처방약을 복용하고 있다. 이들은 주의집중 향상, 장기적인 주의집중, 철저한 각성상태를 통해 학교와 직장에서 유리한 위치를 점하길 바라고 있다. 암시장이 호황을 이루고 있으며, 특히 더 젊은 세대와 경쟁

해야 하는 베이비붐 세대와 기분전환용 마약처럼 상습적으로 복용하는 대학생에게 더 인기 있다.

이런 약물의 일종인 리탈린, 아데랄, 프로비질, 누비질을 소위 '뇌강화제'라 칭하는데, 수만 명의 대학생들이 그렇게 생각하고 있다. 설문조사에 따르면, 일부 대학에서는 25%에 이르는 학생들이 며칠씩 이어지는 연구와 공부 그리고 시험에서 좋은 점수를 받기 위해 자가 처방하고 있다. 의사들은 다양한 연령대의 환자들이 생산성을 향상시키기 위해 흥분제를 찾고 있다고 말한다. 그리고 군대에서는 일주일 내내 24시간 군인을 말짱한 상태로 유지시킬 수 있는 약물이라면 무엇이든 초미의 관심을 보이고 있다.

환각의 전성기였던 1960년대를 기억하는 사람들은 "이런 현상이 뭐가 새롭다는 거지?"하고 물을지도 모른다. 그들 말대로, 사람들(특히 학생들)은 예전에도 기분전환용 마약을 복용했었다. 하지만 오늘날의 약물복용은 우리 부모세대가 약물을 선택한 것과는 그 취지와 의도가 전혀

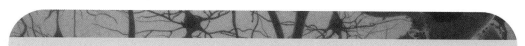

뇌강화제의 역사

뇌강화제가 새로운 건 아니다. 잉카인들이 스태미너를 위해 수천 년 동안 씹었고, 특허약으로 만들어져 몇몇 전쟁에서 군인들에게 제공되었다는 소문이 있다. 지난 몇 십 년간 코카콜라로 팔린 코카나무를 생각해봐도 그렇다. 우리는 아침에 정신을 차리기 위해 커피를 마시거나 아니면 밤늦게까지 안 자려고 카페인 알약, 카페인 음료, 심지어 암페타민까지 복용할 것이다. 우리의 기분, 마음, 기억을 개선하는 것으로 오메가-3, 은행, 세인트 존스 워트, 기타 허브와 같은 제품들이 애용되어 왔다.

심지어 뇌의 신경화학적 특성을 조절하여 인간의 정신기능을 개선하려는 목적을 가진 제품을 일컫는 용어가 존재할 정도이다. 그것은 바로 마음을 의미하는 그리스어 'noos'와 조절을 의미하는 그리스어 'tropein'을 합친 누트로프(nootrope)이다.

다르다. 1960년대에 신경강화제를 복용한 것은 의식을 확장하기 위해서였다. 그 당시에는 자유분방함을 유지하고 창의성과 영적 비전에 이르는 문을 열기 위해 LSD, 페요테, 마리화나와 같은 약물을 복용했다.

그러나 오늘날에 와서는 신경강화제가 정반대의 효과를 위해 사용되고 있다. 다시 말해, 목표에만 집중하고, 인내력 및 각성을 증진시키기 위해 그런 약물을 복용한다. 재미삼아서나 영성을 위해 복용하는 게 아니라, 경쟁우위를 높이려는 현실적인 목표를 위해 복용한다.

ADHD 진단을 받고 흥분제를 복용하는 이들은 이미 그러한 혜택을 보고 있을 것이다. 2009년 캘리포니아대학교 버클리캠퍼스의 공중보건학과에서 수행한 연구에 따르면, ADHD 약물을 복용 중인(처방받은 것으로 전제) 아동이 그렇지 않은 ADHD 아동에 비해 검사에서 더 높은 점수를 받았다. 그러나 ADHD가 없는 또래보다는 점수가 여전히 더 낮았다. 한참 전인 1970년대의 연구에서는 ADHD가 없는 아동이 흥분제를 복용한 후 주의집중이 높아졌음을 제시했다.

정신약리학 산업에서도 이러한 흥분제를 선호한다. 제약회사는 ADHD 성인에게 관심이 많은데, 그 이유는 뻔하다. 2007년 연구에 따르면, 2000년부터 2005년 사이에 메틸페니데이트와 암페타민 처방이 매년 약 12%씩 증가했고, 아직도 계속 증가 추세에 있다.

'영리해지는 약'

대부분의 ADHD 약물은 우리의 오랜 친구인 스피드speed(마약의 일종)의 변형이다. 가장 인기 있는 것으로는 암페타민 메틸페니데이트amphetamine methylphenidate(리탈린Ritalin이라는 이름으로 판매 중), 모다피닐modfinil(기면증을 위해 개발된 암페타민의 상표명인 프로비질Provigil로 판매 중), 암페타민과 덱스트로암페타민dextroamphetamine의 혼합물(기면증과 ADHD 치료약인 아데랄Adderall), 도네페질donepezil(신경전달물질인 아세틸콜린의 수준을 높이기 위한 콜린에스테라아제 억제제이며 알츠하이머 질환에 처방되는 아리셉트Aricept)이 있다. 2008년 새로운 흥분제인 바이반스Vyvanse(암페타민)와 콘서타Concerta가 미국 식품의약청Food and Drug Administration: FDA에서 성인용 치료제로 승인을 받았다.

어떤 이유든 암페타민의 별명이 '스피드' 이다 보니, 이런 약물이 어떻게 과흥분을 진정시키고 주의집중을 향상시키는지에 대해서는 규명할 필요가 없었다.

대중 연설가들과 프로 음악가들이 긴장과 무대공포를 일으키는 에페드린ephedrine(아드레날린adrenaline 작용성 화합물)을 방해하는 베타 차단제인 프로파놀올propanolol(인데랄Inderal)을 복용하는 것은 잘 알려진 사실이다.

하지만 전전두피질과 측좌핵이 관련 부위이며, 쾌락, 중독 및 기분을 담당하는 신경전달물질이 중요한 역할을 하는 것으로 나타났다. ADHD인 사람들의 경우, 흔히 이 영역에 문제가 있다.

ADHD인 사람들은 일반인에 비해 대개 의사결정, 미래의 사건에 대한 예측, 정서와 충동 조절 등의 실행기능을 담당하는 전두엽이 활성화되지 않거나 전두엽의 크기가 훨씬 더 작다. ADHD인 경우에는 동기, 기쁨, 보상의 중추영역인 측좌핵도 손상되기 쉽다.

도파민은 두 부위의 기능을 향상시키며, 도파민이 적을수록 지적 능력도 감소할 수 있다. ADHD 약물과 같은 흥분제(나중에 다루게 될 카페인도)는 여분의 도파민을 흡수하는 신경종말에 단백질을 흡착시켜 도파민 조절 회로의 교류를 증진시킨다. 그로 인해 도파민이 뉴런 밖에 누적되어 동기와 충동 조절에 중요한 신경회로를 활성화시키는 것으로 보인다. 그 결과, 행복감, 자신감 및 도취감이 나타나 기억, 이해, 의사소통을 비롯한 모든 것이 훨씬 더 용이해진다. 기분이 좋아지는 다른 신경전달물질인 세로토닌의 재흡수를 차단하는 항우울제도 비슷하게 작용하여 우울증을 없앤다.

최근 리탈린에 대해 연구한 〈생물정신의학저널Journal Biological Psychiatry〉의 한 논문에서는 복용량이 중요하다고 주장했다. 신경과학자들은 쥐에게 리탈린을 투여한 후 ADHD 증상이 있는 쥐에게 부담이 되는 작업기억 과제를 수행하게 했다. 그리고 쥐의 뇌에 이식한 작은 전극으로 신경활동을 측정했다. 리탈린을 적게 투여한 경우에는 주로 전전두피질에 영향을 주어, 해마에서 유입되는 신호에 대한 민감성이 높아졌다. 이를 통해 이 약물이 어떻게 주의집중에 기여하는지를 알 수 있다. 즉, 약물이 뉴런의 동시적인 상호 발화를 강화하고 각기 산발적인 활동을 진정시킨다. 하지만 많은 양을 투여하면, 전전두피질의 상호 발화가 깨져 리탈린의 효과가 다른 흥분제와 다를 바 없어진다. 쥐들은 인지적 예리함을 잃고 과흥분적이며 쿵쿵거리고 자꾸 핥는다. 이는 리탈린으로 인해 산만 정도가 도를 넘을 수 있음을 보여준다.

'영리해지는 약'은 믿을 만한가?

아직까지는 약물이 우리의 지적 능력과 창의성을 더 높였다고 발표한 연구는 없지만 약물은 일시적으로 기억력을 높이고 각성시간을 늘리며 주의집중에 도움이 된다. 사용자들은 자기가 해야 할 일을 결정하고 그 결정을 위해 노력할 때 약물의 효과가 가장 컸다고 말했다. 또한 그런 약물들은 팔랑귀들에게 가장 효과적인 것으로 보이며, 사려 깊거나 천연 도

찰리

〈찰리〉는 〈앨저넌에게 꽃을〉이라는 1959년의 소설을 토대로 한 1968년의 영화인데, 이 영화는 IQ가 68인 찰리라는 빵가게 점원에 관한 이야기이다. 그는 실험적인 수술을 통해 거의 천재가 되며, 미로검사에서 최고의 앨저넌(그와 유사한 치료를 받은 쥐)이 될 수 있었다. 하지만 지능이 높아졌다고 해서 행복한 것도 아니고 더구나 그 높은 지능이 유지되지도 않았다. 찰리는 앨저넌의 높아진 지능이 사라지는 것을 보면서, 자신의 향상된 뇌도 그렇게 될 것임을 깨닫고, 과학자들에게 앨저넌의 무덤에 꽃을 놓아줄 것을 부탁한다.

파민이 많은 이들에게는 별 효과가 없는 것 같다.

청소년과 그 부모가 동일 약물을 복용한다 해도 그 효과는 다를 수 있다. 왜냐하면 오늘날의 젊은이들은 인터넷과 더불어 생활하고 그 안에서 살아가기 때문이다('우리는 디지털 원주민인가, 디지털 이주민인가?', 74페이지 참고). 하지만 이런 강화제의 장기 복용이 뇌에 끼치는 영향은 아직 알려져 있지 않다. 대학생 이상 연령대의 ADHD 약물 불법 사용자들은 이에 대해 별 우려를 하지 않는다. 그것은 그들이 ADHD를 지닌 동료가 십 년 이상 그 약물을 복용하고도 별 다른 부작용이 없다는 걸 보면서 살아왔기 때문이다.

수백만 명이 별 사고 없이 이런 약물을 복용해온 것은 사실이다. 이런 약물들은 1950년대에 처음 처방되었으며, 많은 연구에서는 흥분제를 투여받은 아동에게 부작용이 없음을 발견했고, 심지어 흥분제로 치료받은 아동과 그렇지 않은 아동의 차이도 밝혔다. 2009년 국립정신건강연구소National Institute of Mental Health의 소아정신과 의사인 Philip Shaw와 동료 연구자들은 MRI 스캔을 활용해 ADHD가 있는 12~16세의 청소년 43명을 대상으로 대뇌피질의 두께 변화를 측정했다. 연구자들은 흥분제가 피질의 성장을 억제한다는 증거를 발견하지 못했다. 사실, 약물을 복용하지 않은 청소년들은 또래보다 대뇌피질이 더 얇은 것으로 나타났는데, 이는 약물이 ADHD가 있는 청소년의 정상적인 피질발달을 촉진할 수 있음을 암시한다.

하지만 항상 예외가 있기 마련이다. 장기 복용이 뇌에 악영향을 줄 수도 있다는 동물연구로 인해 우려가 점점 커지고 있다. 인간 대상 연구에서는 이런 약물을 복용 중인 아동의 성장조절 뇌영역이 영향을 받는 것으로 나타났다. 게다가, 최근의 동물실험을 훑어보면, 흥분제가 뇌의 구조와 기능을 바꿔 우울, 불안, 인지 결함(단기적인 효과와는 정반대로)을 가져올 수 있음을 암시한다.

2007년 2월 FDA에서는 기타 정신장애 중 성장장애 및 정신증과 같은 부작용에 대해 경고했다. 정신문제는 약물문제보다 오히려 ADHD 문제에 기인할 수 있지만, 이는 '닭이 먼저냐 달걀이 먼저냐' 와 같은 난제이다. ADHD라는 것이 다른 정신장애에 위험 요소로 작용한다. ADHD가 있는 성인은 대부분 적어도 한 가지 이상의 추가적인 정신질환(대개 불안장애나 약물중독)이 있다. 아동기에 흥분제를 사용한 것 때문일까? 어쨌든 약물은 뇌의 보상회로를 활성화시키는데, 이 회로는 정상적인 상태에서 기분을 조절하는 신경회로이다.

게다가 중독문제는 뇌의 보상회로를 교란시키는 약물의 장기 복용에 따른 폐단이다. 메틸페니데이트는 코카인(뒤에서 코카인에 대해 다룰 것임)과 화학구조가 비슷하며, 뇌에 비슷한 영향을 준다. 코카인과 메타암페타민('스피드' 혹은 '필로폰' 으로 불리는) 둘 다 ADHD 약물과 마찬가지로, 도파민 수송체를 차단하여 그 효과를 증가시킨다. 코카인의 경우, 갑자기 도파민이 급증하여 사용자가 힘이 넘치고 각성되며 황홀감을 느낀다.

최근의 동물실험에서는 메틸페니데이트가 코카인과 비슷한 방식으로 뇌를 바꿀 수 있음을 경고한다. 2009년 2월 신경과학자인 김용과 Paul Greengard가 록펠러대학교의 동료들과 함께 수행한 연구에서는 메틸페니데이트를 투여한 쥐의 뇌에서 코카인을 투여했을 때와 비슷한 구조적·화학적 변화가 나타났다.

아데랄과 같은 암페타민은 다른 방식으로 마음을 바꿀 수 있다. 예일대학교 의과 대학의 심리학자인 Stacy A. Castner가 이끈 연구팀에서는 6주나 12주 동안 암페타민의 양을 점점 더 많이 투여받은 붉은털 원숭이에게서 장기적인 행동이상(환각과 같은)과 인지손상이 나타났음을 보고했다.

이런 약물들이 인간의 성장장애를 유발한다고 암시하는 연구들이 있음에도 불구하고, 인간 대상의 다른 연구에서는 여전히 처방대로 ADHD 약물을 복용했을 때에는 피해가 없었다고 보고했다. 그런 약물이 특정 동물의 뇌를 바꾼 것처럼 인간의 뇌도 바꿀지는 여러 가지 이유로 인해 여전히 불명확한데, 그 이유 중 특히 중요한 것은 흥분제에 대한 뇌의 민감성이 종마다 다르기 때문이다.

그럼에도 불구하고 2009년의 연구에서는 ADHD 약물과 아동 사망의 상관관계를 제시하고 있다. 즉, 그 약물을 복용한 아동의 급사가 6~7배 정도 더 많은 경향이 있었다. 이 연구방법은 ADHD 약물을 복용한 아동에 대한 정보가 사망한 지 한참 뒤 부모와 의사를 상대로 한 인터뷰에서 나왔다는 점에서 논란의 여지가 있지만, 이 연구결과는 부모들을 불안에 떨게 했으며, ADHD가 없으면서도 그런 약물을 복용하는 이들에게 경종을 울렸다. 물론 그 밖에도 몇 가지 윤리적인 문제가 있다('정신도핑의 증가', 165페이지 참고).

6가지 뇌향상 시크릿

미래에는 틀림없이 우리 뇌를 더욱 예리하고 영리하게 만들 더 좋은 방법이 등장할 것이다. 실제로 오래 기다릴 필요도 없을 것같다. 그런데 구태여 기다릴 필요가 있을까? 우리는 이미 약물을 복용하지 않고도 뇌의 작용을 향상시킬 수 있는 방법을 알고 있다. 여기에서는 그 중 오랜 세월을 거쳐 검증된 몇 가지 방법을 소개한다.

시크릿 #1. 운동을 한다

신체운동은 확실히 우리가 뇌를 위해 할 수 있는 최고의 방법이다. 이는 뇌세포로 가는 산소와 영양소 전달을 촉진하여, 해마에서 새로운 뉴런형성을 도우며 뉴런의 노화에 따른 치매 위험을 낮춘다.

실제로, 가만히 있는 노인들에 비해 운동하는 노인들의 실행기능이 더 우수하다. 평생 소파에서 뭉개던 노인들이 황혼기에라도 좀 더 움직인다면, 실행기능이 향상될 수 있다. 연구에서는 하루에 20분 걷는 것만으로도 그런 효과가 나타났다.

연구에서는 운동이 뇌성장인자brain-derived neurotrophic factor: BDNF의 수준을 높여 뉴런의 성장, 상호작용, 유지를 촉진하고 수면의 질을 향상시킨다는 사실도 제시했다.

Emily Anthes는 〈사이언티픽 아메리칸 마인드〉에서 "물론, 이 연구로 머리가 빈 운동선수까지 설명할 수는 없다."고 말했다. 그러나 우리는 우선 운동을 시작할 뇌부터 갖추어야 하지 않을까?

시크릿 #2. 지방을 섭취한다

우리 뇌는 대부분 지방질이며 연료로 사용할 지방이 필요하다. 하지만 나쁜 지방은 우리의 마음을 파괴할 수 있다. 포화지방은 몸보다 뇌에 더 안 좋으며, 동맥경화와 더불어 치매 가능성을 높인다.

그러나 오메가-3 지방은 그런 위험을 낮추고 브레인파워를 높인다. 알츠하이머 질환, 우울증, 정신분열증 및 중추신경장애가 오메가-3 지방 결핍과 관련될 수 있다. 오메가-3 지방은 지방이 풍부한 생선(양식이 아닌 자연산), 견과종실류 및 오랜 건강식품인 대구간유에 함유되어 있다. 다른 건강식품으로는 색깔이 진한 과일과 야채를 들 수 있는데, 이들 식품에는 항산화제가 풍부하여 뇌세포를 손상시키는 물질의 활성화를 억제한다.

정말로 식이요법을 시작할 작정이라면, 소식(小食)을 생활화하자. 이 역시 뇌기능을 향상시킬 것이다. 적어도 쥐들은 그랬다.

시크릿 #3. 자극을 준다

노력을 요하는 새로운 무언가를 배워라. 우리 뇌는 자주 새 뉴런을 만드는데, 우리가 이 뉴런들을 단련시키고 뭔가 호기심을 자극하는 것을 하지 않으면 바로 사라져 버린다. 브레인파워를 높이길 원하는 사람들 중 상당수가 '스피드'(기면증이나 ADHD를 위해 개발된 암페타민계 약물)로 뇌를 자극하고 있다. 코카인은 유사한 효과가 있지만, 그리 유익하지도 않고 당연히 불법이다. 약물을 복용하기보다는 중국어나 체스를 배우는 게 더 나을 듯한데, 이는 부작용도 없고 수감될 필요도 없기 때문이다. 그 밖에도 시도해 봄직한 도전과제들은 무수히 많다. 바이올린을 배우고 펜션을 설계하며 아무것도 없는 상태에서 카누를 만들거나, 아니면 항상 하고 싶었지만 오랫동안 미루어왔던 재미있는 무언가를 시도해보자.

시크릿 #4. 놀이를 한다

다른 형태의 자극을 생각해보자. 가령, 연구에서는 비디오 게임이 정신적 기민함, 손-눈 협응, 패턴인식, 주의집중시간, 정보처리기술을 향상시킬 수 있는 것으로 나타났다. 하지만 미국에서 100억 달러 산업에 육박하는 모든 비디오 게임이 다 좋은 것은 아니다. 연구에서는 1인칭 슈팅게임을 하는 게이머의 뇌에서 공격성에 해당되는 활동패턴이 나타났음을 제시했다. 남자는 게임할 때 뇌의 보상회로가 여자보다 두 배 가까이 더 활성화되어, 비디오 게임에 더 중독되는 것 같았다고 말할 정도이다.

하지만 새로운 연구에서는 나이 든 성인들의 인터넷 검색이 정신활동을 높일 수 있음을 시사한다.

시크릿 #5. 음악을 듣는다

클래식 음악감상이 인지수행을 높일 수 있다고 주장해 크게 대중화된 '모차르트 효과'는 요즘 상당히 신뢰를 잃었다. 그럼에도 불구하고 음악 연주나 음악감상은 기분전환에서 양질의 수면에 이르기까지 뇌에 좋은 진동을 유발해서 보상회로를 활성화시키고, 편도체의 활동을 감소시켜 공포나 기타 부정적 정서를 줄인다. 그로 인해 스트레스가 감소하여, 새로운 뉴런(스트레스로 인해 사라지는)이 계속 유지될 수 있다. 또한 음악은 혈압을 낮추어 뇌졸중 위험도 낮아진다.

시크릿 #6. 명상을 한다

많은 연구에서는 고대의 명상수행이 불안장애, 통증, 고혈압, 천식, 스트레스, 불면증, 당뇨병, 우울증 등 모든 문제에 유익하고 면역체계를 증진시키는 것으로 나타났다. 이는 하루에 한 시간도 안 되게 조용히 앉아 있다가 얻는 대단한 혜택이라 할 수 있다. 명상은 우리 뇌의 물리적 변화에 도 유익한 영향을 준다. 장기간 명상수행을 해온 이들은 특히 주의와 감 각을 담당하는 피질이 더 두꺼웠다. 그들의 뇌세포는 동기화되어 발화하 는 경향이 있어 뇌기능이 더 우수하고, 행복감과 같은 긍정적 정서와 관 련된 전전두피질이 더욱 활성화되었다.

명상으로 뇌를 향상시켜라

이 방법은 합법적이고 돈도 안 들며, 부작용이 없을 뿐만 아니라, 자비, 행복감, 내면의 평화, 명석한 사고 및 주의집중을 촉진하는 것으로 입증 되었다. 이는 거의 대부분의 문화에서 행해져온 것으로, 언제, 어디서나 할 수 있고, 아무것도 투자할 필요가 없다. 물론 이 말이 다 사실은 아니 다. 적어도 시간은 투자해야 하는데, 뇌(아마도 우리 인생)를 바꾸는 명 상수행은 매일 20분 이상 하는 것이 이상적이기 때문이다.

실제로 명상의 이점을 입증한 연구들이 있는데, 이들 연구에서는 명 상수행을 할 경우에 면역증가, 혈압과 호흡 안정, 양반구 활동의 균형, 사고와 기억을 담당하는 뇌영역의 확대 등이 그 효과로 나타났다. 명상 가의 뇌는 집중 및 감각정보 처리와 관련된 뇌영역(전전두피질과 우측 전방 섬엽)이 더 두꺼웠다. 그리고 국립건강연구소에서 지원한 연구들 은 한참 진행 중인데, 이들 연구에서는 명상이 우리 뇌를 어떻게 바꾸고 향상시키는지에 대해 더 많은 것을 보여줄 것이다.

동양에서는 명상수행을 해온 지 몇 천 년이나 되었지만, 서양에서는 1960년대에 비틀즈가 인도의 구루인 Maharishi Mahesh를 초빙해 TM이 라는 명상수행을 시작하면서 알려지게 되었다. 영화배우와 다른 유명인 사들이 그 뒤를 이었으며, 인도와 미국 전역에 창설된 영성센터(아쉬람) 에는 이상을 쫓는 젊은이들이 몰려들었다.

명상이 혈압과 호흡을 안정시키고 코르티솔(스트레스 신경전달물질) 수준을 낮춘다는 사실이 알려지기 전까지, 대부분의 과학자들은 명상을

명상이란?

명상은 자각을 높이고 집중을 도우며 몸과 마음을 진정시키는 오래된 수행법이다. 명상이 꼭 영적이거나 종교적일 필요는 없으며, 종교적 색채 여부와 무관하게 전 세계적으로 수백만 명이 명상수행을 하고 있다.

기본적으로 명상은 가만히 앉아 떠오르는 생각이나 감정에 휩쓸리지 않고 자각하는 것이다. 즉, 마음이 이리저리 방황하다가 다시 집중 대상으로 자연스레 돌아간다. 방법과 기술은 아주 다양하지만, 대개 두 가지 즉, 의식집중과 열린 점검(open monitoring)으로 나눌 수 있다.

의식집중에서 명상가는 떠오르는 다른 생각이나 감정에 휩쓸리지 않고 하나의 생각, 구절, 대상 또는 아이디어에 집중한다. 많은 수행에서 이 방법을 활용한다. 선수행에서는 명상가가 선문답(교사가 제시한 수수께끼)에 집중하고, 초월명상transcendental meditation: TM에서는 만트라(산스크리트어 구문)에 집중하여 이를 조용히 읊조린다. 다른 수행법에서는 호흡이나 신에 집중한다.

의식집중 수행 후에 열린 점검 명상으로 나아간다. 이 수행법은 특정의 초점 대상에 집중하지 않고, 반응이나 판단 없이 물리적 환경이나 떠오르는 사고와 감정을 더 잘 알아차리(마음챙김)는 것이다.

일부 명상방법에는 간단한 호흡이나 이완기법이 포함된다.

터무니없는 뉴에이지 풍조로 여겼다. 심신의학연구소Mind/Body Medical Institute의 설립자인 하버드대학교의 Herbert Benson 교수가 1975년에 〈이완반응The Relaxation Response〉이라는 책에서 명상을 비종교적인 용어로 설명하면서 명상이 더욱 정당화되었다.

그 후로 점차 명상은 의학계와 과학계의 주류로 자리잡게 되었다. 명상가인 Jon Kabat-Zinn이 주도한 스트레스 감소 프로그램의 핵심이 바로 명상이며, 수백 개에 이르는 의료센터, 병원, 건강관리기구(캘리포니아의 건강관리기구인 Kaiser Permanente 연구소를 포함한)에서도 그 스트레스 감소 프로그램을 실시했다.

이는 몇몇 감옥에서 큰 성과를 거두어, 수감자들이 그 프로그램 덕분에 정서를 조절하고 수감생활로 인한 스트레스를 잘 극복할 수 있었다. 몇몇 공립초등학교에서 실시된 연구에 따르면, 명상수행이 집중과 화합을 높이고 성적향상까지 가져온 것으로 나타났다.

얼굴표정 및 정서 분야의 저명한 전문가이자 샌프란시스코에 있는 캘리포니아대학교 심리학과 명예교수인 Paul Ekman은 주의집중 증가로 면대면 관계에서 이해가 증진되어 비정상적인 정서반응으로 고통받는 이들에게 유익할 것이라고 말한다. Ekman은 "티벳 승려들은 오랫동안 내가 검사했던 그 누구(변호사, 경찰관, 판사를 포함해 수천 명에 이르는 사람들)보다 다른 이의 얼굴표정에 나타난 정서를 빠르고 정확히 알아챘다."고 말한다.

미국 국립보건원은 이 연구에 많은 관심을 보였다. 지난 20여 년 동안 미국 국립보건원에서는 초월명상 프로그램 및 관련 프로그램이 심장질환에 미치는 영향을 연구하기 위해 2천4백만 달러 이상을 투자했으며, 규칙적인 명상수행이 고혈압과 동맥경화증(뇌졸중과 기타 뇌손상의 원인이 되는 혈액순환장애) 감소에 기여한다는 사실을 발견했다.

명상으로 뇌를 바꿀 수 있다

명상에 관한 최근의 과학적 관심은 추방된 티벳의 지도자이자 세계에서 가장 유명한 영적 지도자인 Dalai Lama의 협조로 더욱 고무되었다. 그는 평생 과학에 관심을 가졌으며, 인간의 고통을 줄이고 세계 평화를 이루기 위해 세계의 저명한 과학자들과 정기적으로 세미나를 개최해왔다.

그는 연구자들에게 장기간 명상수행을 해온 수행자들의 뇌를 들여다볼 기회를 제공했다. 티벳에서만 살았던 승려들은 수십 년 동안 명상수행을 해왔다. 이런 명상 전문가들의 뇌활동 영상과 기록은 명상이 뇌에 끼치는 영향(특히 명상수행을 하지 않는 사람들과 비교했을 때)에 대해 많은 것을 알려주었다.

매디슨에 있는 위스콘신대학교의 Richard Davidson 교수는 Dalai Lama의 협조와 6백만 달러에 이르는 미국 국립보건원의 연구비 지원에 힘입어 명상을 연구하고 있는 과학자이다. 심리학과와 정신의학과 교수로 명상수행을 하는 Davidson은 의식의 변용상태에 있는 티벳 승려들의 뇌활동을 처음으로 기록한 사람이다. 그 후 그의 팀에서는 명상으로 얻을 수 있는 뇌의 이점과 변화를 검증하기 위해 몇 가지 창의적 실험(환경 속에서 뇌의 전기활동이 정서적·행동적으로 어떻게 반응하는가를 비롯해)을 수행해왔다. 그는 명상 동안 초보자에 비해 숙련된 명상가의 뇌에서 집중 및 직관과 관련된 고주파가 더욱 크게 나타난다는 연구결과를 제시했다.

Davidson은 명상이 신경가소성과 뇌강화를 보여주는 대표적인 예라고 한다. 직접 그의 말을 들어보자.

"뇌는 경험에 의해 바뀌고 훈련에 의해 조절 가능한 기관이며, 누구나 그 효과를 볼 수 있다."

물론 그는 수십 년 동안 명상수행을 해온 사람들을 대상으로 연구해 왔는데, 그는 명상수행으로 우리 뇌를 바꾸는 데 오랜 시간이 요구되지 않는다고 말한다. 그는 뇌 안의 변화가 100만분의 1초마다 일어난다고 말하면서, 다음과 같은 사실을 상기시킨다.

"사람들이 변화를 의식하는 데 걸리는 시간은 그들이 얼마나 변화에 민감한가에 달려있다. 연구결과에서는 2주 정도만으로도 뇌가 변화되었음을 보여준다."

하루 20분간의 수행만으로도 스트레스, 만성통증, 불안에서 벗어날 수 있음이 알려지자 영적 측면에 전혀 관심 없던 미국인들 사이에서도 명상이 점차 인기를 끌고 있다.

Davidson은 명상수행에 따라 활성화되는 뇌회로가 달라진다는 점에서 명상의 방식이나 유형이 중요해 보인다고 말한다. 하지만 이 연구는 아직 초기단계에 불과하다. 명상의 실질적인 생물학적 효과에 대해 더 많은 것을 보여줄 만한 연구들이 요구된다.

이 분야와 우리 뇌의 미래

윤리적 문제가 개재되는 상황이라면, 뇌기능 강화 약물이 합법적이게 (그리고 더욱 용이하게) 될 경우 곧바로 널리 활용될 것이다. 그런 약물은 투자가치가 거의 확실하기 때문에 제약회사에서는 지금 이 순간에도 우리의 브레인파워를 위해 더 크고 더 나은(그리고 수익이 더 큰) 무언가를 고안하고 있을 가능성이 아주 높다.

다른 대안도 있을 것이다. 미래에는 뇌에 이식된 전극을 통해 뇌심부 자극술로 유도한 전기충격이 더 많은 뉴런의 생성을 자극하고 양반구 활동의 균형을 맞추며 창의성을 촉진하여 뇌의 수행을 향상시킬 것이다. 두개골 외부에서 전달된 자기량을 잘 조정하여 유사한 효과를 가져올 수도 있을 것이다. 뇌의 전극이나 마이크로칩을 통해 유사한 방식으로 정보를 내려받을 수 있을 것이다('생체공학적인 뇌', 123페이지 참고).

하지만 연구결과에서 제시한 바와 같이, 우리의 뇌기능을 향상시키는 더욱 효과적이고 비침습적인 방법 중 하나는 우리 스스로 할 수 있는 명상과 정신적·신체적 운동일 것이다. 우리는 그런 것들이 약물보다 뇌를 더 변화시키고 향상시킬 수 있음을 알고 있다. 즉, 우리의 생각과 행동이 강력한 영향을 준다. 더욱 엄격한 연구가 필요하긴 하지만, 이제 신경과학계에서는 명상과 같은 마음의 기술이 지대한 효과가 있음을 인정하게 되었다.

하지만 우리는 '이런 것이 내 뇌와 무슨 상관이 있어. 내가 고요한 산속에 사는 것도 아닌데.' 하고 생각할지도 모른다. 그런데 티벳, 인도, 그리고 다른 많은 문화에서도 명상이 고립된 수행자들을 위한 것만은 아니다. 그냥 일상적인 수행의 일부가 될 수 있다. 중국에서는 매일 수백만 명이 명상적인 요소가 강한 태극권을 하고 있다.

Richard Davidson은 이를 규칙적으로 운동하는 사람이 거의 없던 1950년대와 비교한다. 오늘날 서양인들은 대부분 신체운동이 건강에 좋다는 사실을 인정하고 있고, 상당수는 일상에서 이를 실천하고 있다. Davidson은 정신운동도 이와 다를 바 없다고 말한다. 일단 사람들이 그 이점을 알기만 하면, 명상수행을 신체운동처럼 중요시할 것이다.

명상을 연구 중인 Davidson과 같은 신경과학자들은 유치원에서부터 명상과 같은 정신운동을 가르침으로써 이를 평생 습관으로 만들어 몸과 마음을 진정시키고 사고를 집중하며 정서를 조절하게 될 날이 올 것으로 예측한다.

3장

기억 조작(操作)하기

개 요

기억은 생존이나 기능은 물론 정체감에도 필수적이다. 우리가 자아감을 가지려면 기억이 필요하고, 타인이 우리를 기억하여 우리가 영원해진다. 기억장애가 알츠하이머 질환을 비롯한 기타 치매 질환의 최대 비극임은 사실이다. 하지만 기억이 우리의 적일 때도 있다. 외상, 고통, 공포가 기억 속에 깊이 남아 우리에게 피해를 줄 수 있다. 연구에서는 수십 년 안에 필요한 것만 기억하고 불필요한 것은 잊도록 뇌를 조작(操作)할 수 있을 것으로 예측한다.

The Scientific American **Brave New Brain**

과거: 기억은 고정되고 정확하며 불변한다. 치매로 기억이 사라지지 않는다면, 적절한 기술로 접근 가능하다. 치매에 걸리면 끝장이다.

현재: 기억은 신뢰할 수 없으며, 뇌의 화학적 변화, 신경회로의 변화 및 연령에 따라 달라질 수 있다. 동물실험 연구에서는 일부 기억을 강화하거나 삭제할 수 있는 것으로 나타났지만, 여전히 알츠하이머 질환의 효과적인 치료법은 존재하지 않는다.

미래: 과학자들은 인간이 어떻게 기억을 생성하고 유지하는지에 대한 기제와 미스터리를 밝힐 것이다. 특정 기억을 조작(操作)하고 알츠하이머 질환의 진행을 막거나 회복시키며, 정신장애가 있는 이들의 인지기능도 촉진할 수 있을 것이다. 뇌이식으로 우리의 기억 저장고도 확장될 것이다.

기억의 중요성과 미래의 기억치료

잠깐! 주소가 어디였지? 그것을 언제까지 해야 하지? 인사하는 저 여인은 누구지? 그리고 내 자동차 열쇠는 어디 있지?

대부분의 경우에 기억은 다 과거에 관한 것처럼 보인다. 그러나 사실 기억은 현재와 미래에 대한 것으로, 그 덕분에 우리는 현재를 헤쳐 나간다. 기억은 우리가 훗날 유사한 상황을 헤쳐 나갈 때 필요로 할 정보를 획득하고 저장하는 과정이다.

하지만 좋은 기억력은 축복이자 저주이다. 기억 덕분에 과거의 좋았던 시절이 생각나 현재의 경험을 좋게 해석할 수 있다. 안타깝게도 잊고 싶은 과거의 불쾌한 기억이 아주 생생하게 회상될 수도 있다. 즉, 자동차 충돌 직전의 두려웠던 순간, 그 후 믿을 수 없을 정도의 고통, 강도나 강간범과 마주쳤을 때, 계단에서 넘어지는 어린아이를 잡지 못해 가졌던 죄책감 등 말이다.

신경과학자들은 머지않아 우리가 기억을 조작(操作)할 수 있을 것이라고 말한다. 학자들은 우리 뇌가 기억하고 있는 내용을 이해하고 조정할 놀라운 돌파구를 찾고 있다. 수십 년 내에 예측되는 사항들을 제시하면 다음과 같다.

- 단기기억을 향상시키고 장기기억을 공고화하는 약을 손쉽게 구할 수 있을 것이다.
- 알츠하이머 질환의 진행을 멈추고 회복시키며 손상된 기억을 되찾는 생화학치료가 등장할 것이다.
- 손상된 뇌와 선천적 장애가 있는 뇌의 기억과 학습을 향상시키는 유전자 조작이 가능할 것이다.
- 매일 사용하지 않는 복잡한 자료를 저장할 뇌이식 마이크로칩이나 마이크로프로세서가 등장할 것이다.
- 깊이 자리잡은 고통스럽고 충격적인 기억을 억제하거나 지우는 방법이 등장할 것이다.

단기기억의 작동방식

우리는 기억이 낡은 구두상자 안의 러브레터가 아니라 특정 장소에 저장된 특정 정보의 조각들과 같아서 마음만 먹으면 바로 인출할 수 있다고 생각하는 경향이 있다.

그러나 우리의 기억은 분자나 뉴런 안에 오롯이 들어있지 않고, 한 뉴런의 축색돌기에서 다른 뉴런의 수상돌기로 가는 메시지가 시냅스를 지날 때 형성된다. 기억은 이런 네트워크를 통해 형성된 연결에 존재하며, 시냅스의 네트워크가 강화되면 더 확고하게 자리잡는다. 단기기억일 경우에는 일시적으로, 장기기억일 경우에는 영구적으로 강화된다. 시간이 지나면서, 뇌의 화학적 특성, 유전자 및 행동에 따라 이런 기억망이 강화되거나 약해지거나 사라진다.

뉴욕대학교의 심리학과와 신경과학과의 교수이자 정서, 공포 및 기억 분야의 대가인 Joseph LeDoux의 말을 들어보자.

> "우리는 기억으로 이루어져 있습니다. (중략) 가장 큰 미스터리는
> 기억이 어떻게 우리가 누구인지를 결정하는가 하는 것입니다.
> 추후 우리는 기억을 더 이해하고, 뇌에서 기억이 어떻게 강화되
> 는지, 여러 체계에서 기억이 어떻게 처리되는지를 알게 될 것입
> 니다. 하지만 아직 우리는 이 체계들이 어떻게 상호작용하는지
> 를 잘 모르는 상태입니다."

오랫동안 과학자들은 우리가 어떤 정보는 기억하고 어떤 정보는 기억하지 못하는 이유에 대해 고심해왔다. 우리 뇌는 유입되는 메시지들을 꾸준히 여과해서, 어떤 정보를 기억할지와 어떻게 기억할지를 결정한다. 때로는 반복이 필요할 때도 있다. 가령, 6×7이 42임을 알거나 원소 주기율표를 외우거나 친척들의 생일을 다 기억해야 할 경우에 말이다. 기억 연구자인 R. Douglas Fields는 우리가 두 번 들을 필요가 없는 경우도 있다고 말한다. 한 번의 강력한 경험이 지워지지 않고 우리 뇌에 고이 새겨질 수도 있다. 그리고 기억이 생존과 관련된다면, 그런 기억은 절대 사라지지 않는다.

미국 아동건강과 인간발달 국립연구소National Institute of Child Health and Human Development: NICHHD의 신경계 발달과 가소성 분과의 책임자인 Fields는 오랫동안 기억형성을 연구하면서 그 내용을 〈사이언티픽 아메리칸〉에 게재해왔다. 그는 아동기의 잊지 못할 기억에 대한 예를 제시했다. 지름길로 학교를 가려면, Dugan 할아버지의 마당을 가로질러 가야 했다. 그 지름길은 잡초가 무성하고 폐차가 널려 있었다. 그가 Dugan 할아버지의 마당에 발을 내딛는 순간, Dugan 할아버지는 스크린 도어를 휙 열어 제쳤고, 두 마리의 투견이 이를 드러내고 으르렁거리며 달려왔다. 필사적으로 도망쳐서 겨우 피할 수 있었다. 다음날 아침부터는 항상 먼 길로 돌아다녔다. 오랜 시간이 지난 후에도 그곳에 가면, 여전히 심장 박동이 빨라진다. Dugan 할아버지와 개가 사라진 지 꽤 오랜 시간이 지

낳는데도 말이다.

그 사건 후로 오랜 시간이 흘렀지만, 그는 평생 개 공포증을 갖고 있다. 왜 그럴까? Fields에 따르면, 생물학적·진화적 관점에서 기억은 미래와 관련된다는 것이다. 우리는 필요로 하는 것만 기억한다. 뇌가 사건과 경험을 있는 대로 다 기억하는 체계라면 생존가치가 없다(넘쳐나는 이메일을 관리하느라 애먹는 사람은 받은 편지함의 용량을 더 늘릴 것이 아니라, 불필요한 파일을 삭제해야 한다).

뇌는 순간순간의 경험을 비교하여 어떤 것은 나중에 참고하기 위해 기억하고 어떤 것은 바로 버리는 기억책략을 사용한다. 어떤 사건의 생존가치가 분명해지는 순간, 그런 기억은 영원히 각인된다. Fields는 Dugan 할아버지의 일화를 이야기한 후에 자기는 앞으로도 계속 돌진하는 개를 두려워할 것이라고 말한다.

기억장애인 알츠하이머 질환

망각도 기억의 일부이다. 기억장애의 대표 질환인 알츠하이머는 900파운드짜리 고릴라가 거실에 있는 셈이다. 다시 말해, 우리가 그 질환에 대해 할 수 있는 일이 별로 없다. 그렇다고 무시할 수도 없는 일이다. 우리는 그 고릴라가 우리를 공격할지, 그리고 언제 공격할지를 모른다.

전 세계적으로 3,600만 명이 치매를 앓고 있는 것으로 추정된다. 그 중 미국에서만 530만 명이 알츠하이머 질환을 앓고 있다. 85세 이상의 거의 반이 치매를 앓고 있다. 베이비붐 세대의 연령이 높아지면서, 그 수는 더욱 증가할 것이다. 2050년 무렵에는 전 세계적으로 치매환자가 1억 명에 이를 것으로 추정된다. 유전적 위험 요인이 있는 이들이라면 50대 중반부터 기억손상이 시작될 것이다.

신경과학자들(이들의 뇌도 위험하다)은 현재 상태를 유지하고 감퇴를 예방하며 질병이나 외상으로 인한 손상으로부터 회복시킬 방법을 찾고 있다. 그들은 기억의 미스터리를 해결하려고 노력 중이다. 이 연구에 수십 억 달러가 소요되고 있다. 즉, 매년 알츠하이머 환자들에게 약 1,480억 달러 이상이 들어가고 있고, 효과도 별로 없는 치료에 매년 10억 달러나 소비되는 것으로 추정된다. 그 중 대부분은 메디케어[1] 비용이다.

최근까지는 치매가 노화와 더불어 나타나는 어쩔 수 없는 현상이라 해결책이나 치료법이 전혀 없다고 생각했다. 그러나 머지않아 알츠하이머 질환 등의 치매를 조기 발견하고 예방하며 치료하고 회복시키게 될 것이다. 연구자들은 유전자를 조작하는 화학적 스위치, 예방을 위한 백신, 정신적 퇴화를 멈추거나 회복시키는 약물, 기억을 보충할 수 있는 뇌 이식 컴퓨터 칩 등 흥분되고 독창적인 치료법들을 연구하고 있다. 미국 국립보건원National Institutes of Health에서 지원해온 대규모의 알츠하이머 질환 연구인 알츠하이머 질환 신경영상 연구Alzheimer's Disease Neuroimaging Initiative: ADNI의 연구자들은 59개 센터에서 알츠하이머 질환의 발병을 조기 예측하는 방안을 모색하고 있다.

2025년을 배경으로 한 〈레인보우스 엔드Rainbows End〉라는 미래 공상 과학 소설에서는 오랫동안 알츠하이머 질환으로 쇠약해진 주인공이 75세 때 새로 개발된 치료법으로 그동안의 증상들을 말끔히 치료한다. 요즘 연구가 급속도로 진척되고 있어 그 영화에서와 같은 정도는 아닐지라도, 적어도 그 무렵(2025)에는 치료가 가능할 것이다.

연구자들은 알츠하이머 질환이 어떻게 뇌를 집어 삼키는지에 대한 새로운 연구결과와 함께 기억손상의 이유도 연구 중이다. 한 유명한 독일 의사는 베타 아밀로오드 단백질과 대량의 독소(세포를 죽이는 독성 점액질로 형성된)로 구성된 노인성 뇌반을 발견했다. 요즘에는 덩어리 모양의 반보다 용해성 베타 아밀로이드(너무 작아 눈에 잘 보이지 않는 분자형태)가 시냅스 신호와 기억을 방해하고 뉴런을 약화시킨다는 추측이 나오고 있다.

---

1) 역주: 미국의 노인의료보험제도로, 일반적으로 65세 이상이 보험혜택을 받음.

하지만 일부 연구자들은 베타 아밀로이드의 역할에 의문점을 제기하고 있다. 베타 아밀로이드가 알츠하이머 질환의 원인이 아니라 결과가 아닐까? 부검결과에서는 알츠하이머 질환의 증상이 전혀 없이 수명을 다한 사람들 중 40%의 뇌가 아밀로이드 범벅인 것으로 밝혀졌다.

요즘 연구자들은 알츠하이머 질환의 원인이 뉴런 손상과 뉴런 수 감소뿐만 아니라(질병이 있는 사람들의 경우에도 분명히 새로운 뇌세포가 꾸준히 생성된다), 뉴런 사이의 연결형성 문제에 기인한다고 추측하고 있다. 어떤 이들은 뇌세포를 손상시키는 산화 스트레스가 그 원인이라고 생각한다. 즉, 매일 일어나는 신진대사의 부산물인 과도한 활성산소를 처리하지 못해 발생하는 산화질소 말이다.

반면에, 연구자들은 알츠하이머 질환을 조기 예측하여 치료효과를 높이는 방법을 모색하고 있다. 캘리포니아대학교 샌디에이고의료센터의 기억장애 클리닉에 근무하는 연구자들은 완전 자동인 용량측정용 MRI를 개발하여 노인 지원자들의 '기억중추'를 측정하고 이를 예측용량과 비교했다. 이 과정을 통해 경도인지장애가 알츠하이머 질환으로 진행될 가능성이 높은 시점을 예측하여 좀 더 적극적인 치료의 필요성을 알려줄 수 있을 것이다. 이 프로그램은 자동화되어 있어서 아주 숙련된(그래서 비용이 매우 많이 드는) 전문가가 필요하지도 않다. 어느 클리닉에서든 그 소프트웨어만 있다면 검사를 실시할 수 있다.

현재까지의 치매 정보

만약 우리가 조상을 잘 만나고 신체적·지적으로 적극적인 삶을 살아간다면, 치매를 피할 가능성이 더 높을 것이다. 물론 어떤 사람에게는 적절한 정도의 술과 담배도 도움이 될 것 같다.

연구자들은 알츠하이머 질환에 유망한 것으로 알려진 여러 가지 방법 중 오메가-3 지방, 비타민 E, 비스테로이드성 항염증제NSAIDs 복용은 별 효과가 없음을 발견했다.

그러나 다른 놀라운 사항이 몇 가지 있다. 친밀한 관계를 유지하는 단짝 친구(심지어 간병인이라도)나 소그룹 모임이 알츠하이머 질환의 영향을 줄이는 일부 약 못지않게 효과적인 것으로 나타났다. 우리는 혈압을 낮추어(약물, 다이어트, 운동, 또는 세 가지 모두) 고혈압을 조절할 경우 알츠하이머 질환의 발병 가능성이 감소될 것임을 이미 알고 있다. 일부 안지오텐신 전환효소angiotensin-converting enzyme: ACE 억제제로 고혈압을 낮추고 있는 동안 알츠하이머 질환의 발병 가능성이 감소되었는데, 그 이유는 억제제가 혈뇌장벽을 지나면서 뇌의 염증을 감소시켰기 때문이다. 다른 연구에서는 ACE가 베타 아밀로이드 단백질 억제에 이로운 효소임을 제시했다.

항우울제는 알츠하이머 환자들의 대처(가족들의 대처에도 도움이 됨)에 유익하며 치매의 진행도 늦춘다. 2007년의 연구에서는 항우울제로 꾸준히 치료할 경우 알츠하이머 환자의 일상기능을 비롯한 전반적인 기능이 향상된다는 사실을 발견했다. 이는 적어도 그 치료법이 건강한 뇌에서와 마찬가지로, 새로운 뉴런의 생성과 유지를 증진시킬 수 있음을 암시한다.

시험관 연구와 쥐 연구에서는 인도 향신료 성분인 커큐민Curcumin이 아밀로이드 반의 형성을 예방할 뿐만 아니라, 병의 진행을 늦추는 것으로 나타났다. 더욱이 비타민 D3와 결합할 경우에는 그 효과가 배가된다. 연구에서는 계피가 알츠하이머 질환의 전형적 특징인 신경섬유의 꼬임 즉, 비정상적인 타우 단백질의 성장을 억제한다는 사실도 발견했다.

백혈병이나 기타 심각한 면역질환으로 정맥내 면역 글로불린 치료 IVIG를 받는 노인들에게 희소식이 있다. 4년 동안 정맥내 면역 글로불린 치료를 최소한 1회라도 받은 847명과 그 치료를 받지 않은 84,700명의 의료기록을 분석한 연구에서는 그 치료를 받은 이들의 알츠하이머 질환 발병률이 42%나 낮은 것으로 나타났다.

쥐 실험 연구결과에서는 커피나 술을 마시는 것도 알츠하이머 질환의 발병률 감소와 관련된 것으로 나타났다. 2009년 7월 알츠하이머 질환에 걸린 쥐 대상의 논문 두 편이 〈알츠하이머 질환 저널〉에 실렸다. 그 결과에서는 카페인이 알츠하이머 질환 관련 단백질을 상당 수준 감소시킨 것으로 나타났다. 특히, 알코올 관련 연구결과에서는 많은 양의 알코올이 뉴런을 죽이는 것으로 나타나 아주 흥미롭다. 웨이크포레스트대학교의 침례교의료센터에서는 6년 동안 금주한 사람, 조금 마신 사람, 적정량 마신 사람, 과음한 사람을 비교했다. 그 결과에서는 인지문제가 전혀 없는 상태에서 연구에 참여했던 이들 중 술을 적정량 마신 사람들(1주에 8~14잔)이 금주자들에 비해 알츠하이머 질환의 발병률이 37%나 낮은 것으로 나타났다. 하지만 경도인지장애가 있거나 과음했던 이들은 급속도로 악화되었다.

뭐니뭐니해도 가장 놀라운 것은 마리화나의 잠재적 이점이다.

마리화나가 알츠하이머 질환을 예방한다고!

마리화나는 멍한 사고와 둔한 반응을 야기하는 약물로 유명하다. 그런데 사람들은 바로 그 점 때문에 마리화나를 찾는다. 그러나 놀랍게도 세계 곳곳의 연구자들은 이렇게 골치 아픈 약초가 알츠하이머 질환에 효과적일 수도 있음을 발견했다. 가령, 가장 많이 처방된 약물보다 마리화나가 알츠하이머 질환의 진행을 억제하는 데 훨씬 더 성공적일 수 있다는 것이다. 아이러니하게도 그들은 마리화나 백신을 찾는 과정에서 이런 효과를 발견했다.

신경전달물질인 아세틸콜린과 이를 생성하는 콜린작동성 뉴런이 기억 형성의 핵심이라는 사실은 잘 알려져 있다. 연구자들은 아세틸콜린과 콜린작동성 뉴런의 손상을 막는 약물을 뒤늦게나마 조금만 투여해도 알츠하이머 질환을 늦춘다는 사실을 발견했다. 대부분 질환을 알아차리고 알츠하이머 질환이라는 진단이 내려질 무렵에는 이미 너무 많은 뇌영역이 파괴된 상태이다. 초기 단계에 알츠하이머 질환을 예방하는 것이 이 질환에 걸릴 가능성이 높은 사람들에게는 최선의 방법일 것이다.

연구에서는 마리화나 성분 중 환각을 일으키는 테트라하이드로칸나비놀tetrahydrocannabinol: THC이 콜린에스테라아제 억제제의 작용을 촉진하고, 이들 주요 신경화학물질의 문제를 막으며 반 형성을 예방하기도한다고 밝혔다. 더 많은 연구가 진행될수록, 마리화나가 뇌에 미치는 화학적 이점이 꾸준히 밝혀질 것이다. 예를 들어, 칸나비노이드cannabinoid는 마리화나뿐만 아니라, 원래 인체에 존재하는 성분이다. 그러나 마리화나에서 추출된 칸나비노이드가 알츠하이머 환자들에게 도움이 된다는사실에 우려를 표하는 사람들도 있다. 마리화나는 불법 약물이며, 결코순하지 않다. 담배 흡연과 마찬가지로 마리화나 흡연이 암을 유발할 수도 있다. 마리화나는 정신착란, 불안, 정신병을 야기하는 것으로 나타났다.

따라서 전문가들은 노년기의 마리화나 흡연을 권하지 않는다. 그러나 과거에 마리화나를 피운 적이 있다면, 노인이 된 후에 뇌에 도움이 될수도 있다. 더 많은 연구결과와 우리의 기억이 이를 증명해줄 것이다.

기억유지의 기제

이것이야말로 우리가 바라는 것이다. 우리는 숲속의 독초, 가장 중요한컴퓨터 파일의 암호, 로마에서의 환상적인 휴가, 그리고 자동차 열쇠(항상 짜증나게 하는 열쇠)를 둔 장소를 기억하길 바란다.

그러나 기억을 유지하는 과정은 순간순간의 화학적 특성과 관련되기때문에 매우 복잡하다. 우리 뇌에는 1,000억 개 이상의 뉴런이 있다. 기억 네트워크를 형성할 때 한 뉴런의 축색돌기는 10~100,000개 정도의수상돌기에 둘러싸이는데, 그 중 하나의 수상돌기를 선택해야 하고, 그선택은 매우 신속하게 이루어져야 한다. 그런데 기억으로 부호화되려면,신경 네트워크 안에서 몇 분 안에 기억 공고화에 필요한 새로운 단백질이 합성되어야 한다. 그 다음에는 이 기억을 영구적으로 지속시킬지 여부를 결정한다.

그러나 우리 몸의 모든 단백질은 분해되어 몇 시간이나 몇 일 동안 계속 교체된다. 1960년대에 과학자들은 기억유지를 위해 시냅스 네트워크를 공고화하려면 일단 단백질이 필요하기 때문에 유전자에서 세포에 단백질을 생성하라는 지시를 내린다는 사실을 알게 되었다. 따라서 영구적인 기억형성은 무조건 특정 유전자의 발현과 관련된다.

평생 신경연결을 강화하려면, 시냅스의 물리적 구조를 강화하거나 뉴런 사이에 시냅스가 추가되어야 한다. 그러나 알츠하이머 질환의 경우, 어떤 이유로든 이런 연결이 손상되어 새로 형성되지 않기 때문에 최근에 일어난 사건을 기억하지 못한다.

일시적인 기억에서 영구적인 기억으로의 전환을 '공고화'라고 한다. 이 과정에서는 적절한 정도의 단기적 스트레스나 흥분이 유익하다. 우리 뇌에 들어오는 정보가 강할수록(자료를 반복할수록, 그리고 강력하거나 정서적인 색조가 강한 메시지일수록), 기억이 더 강하고 지속적일 수 있다. 그 밖에도 배우기 힘든 과제를 정복하는 것과 같은 도전적 경험이 이런 연결을 강화시킨다. 이것이 바로 과거의 강렬한 경험을 우리가 지금도 아주 생생하게 떠올릴 수 있는 이유이다. 열정을 불러일으킨 경험, 정말 신기한 상황, 아주 역하거나 맛있는 것을 먹은 경험 등은 미래에 중요한 사건으로 기억될 가능성이 높다.

공포가 강력한 기억형성 요인이라는 것은 자명하다(앞에서 나온 투견을 생각해봐라). 신경과학자들은 에피네프린(아드레날린)이 쇄도할 경우 뇌에서 공포와 정서 및 대항-도피를 담당하는 편도체를 활성화시키는 스트레스 호르몬과 신경전달물질이 대량 분비된다는 사실을 발견했다. 편도체는 다양한 기억이 저장된 여러 부위와 연결되어 있으며, 정서적 특성이 강한 유입정보를 지원한다. 따라서 이런 신경전달물질이나 호르몬의 수준이 높아지면 공고화에 이로울 것이다. 그러나 과도하거나 지속적인 스트레스는 부정적 영향을 준다.

그런데 이런 화학작용이야말로 건강한 이들이 집중력 향상을 위해 불법으로 ADHD 약물과 같은 기억강화 약물을 복용하는 이유를 말해준다. 그리고 일시적으로(그리고 합법적인) 약간의 인지강화 효과를 위해 카페인이나 니코틴을 사용하는 것도 마찬가지 이유에서이다.

미래에는 더 좋은 약물들이 기억강화를 촉진할 것이다. 신경과학자들은 기억을 형성하는 효소와 단백질뿐만 아니라, 기억형성 유전자의 발현 여부를 좌우하는 화학물질을 연구하고 있다. 기억형성의 화학적 과정에 대한 새로운 연구들이 많이 발표되고 있다. 웨이크포레스트대학교 의과대학의 연구자들은 최근 뇌세포 내의 프로테아좀이라는 단백질 복합체가 기억조작과 관련된다는 사실을 발견했다. 프로테아좀은 단백질 수준을 조절하고, 시냅스를 통해 전달되는 메시지의 강도를 약화시킬 수 있다.

마찬가지로 화학물질은 안 좋은 기억을 지우는 데도 도움이 될 것이다.

안 좋은 기억을 지우는 뇌의 사후 피임약

잊고 싶은 것은 무수히 많다. 가령, 심각한 외상, 위험한 사건들, 사랑하는 이의 죽음, 학대, 전쟁의 공포와 같은 것들 말이다.

성폭행 피해자의 절반 정도와 심각한 자동차 사고를 겪은 이들 중 20%가 외상후 스트레스 장애PTSD가 있어 고통스러운 기억을 생생히 기억한다. PTSD의 후유증이 9·11 테러, 허리케인 카트리나, 걸프전의 피해자들과 이라크전에서 정신적·신체적 부상을 입고 돌아온 수천 명의 부상병들에게 계속 영향을 주고 있다. 참전 용사들의 자살률이 사상 최고치를 경신했다. 〈뉴욕 타임스〉는 30년 전부터 그 수치를 기록하기 시작한 이래 가장 높은 상태라고 발표했다.

그러나 우리가 망각을 원하는 것은 심각한 외상을 없애기 위해서만이 아니다. 학교나 직장에서의 모욕, 기회나 소중한 기념품의 상실, 틀어져버린 관계(멀어진 연인들이 그들의 사랑에 대한 기억을 잊으려는 〈이터널 선샤인Eternal Sunshine of the Spotless Mind〉이라는 영화에서처럼) 때문

효과적인 기억책략

우리는 처음 만난 사람의 이름을 기억하려 할 때, 이름을 단기기억에서 장기기억으로 전환하려면 반복이 필요하다는 사실을 알게 된다. 우리는 모두 나름의 기억책략을 사용한다. 가령, 어떤 사람들은 이름을 큰소리로 말하면 기억이 더 잘 된다고 하는데, 이는 청각적 연결이 더 강한 경우이다. 어떤 사람들은 이름을 써서 그걸 볼 때 기억을 더 잘 하는데, 이는 시각적 연결이 더 강하다는 의미이다. 그러나 과학자들은 기억을 더 용이하게 해주는 다른 절차를 발견했다.

기억 네트워크를 파악하려고 시도하는 신경과학자들은 동물의 뇌연구를 바탕으로, 시냅스를 지나는 메시지를 운반하는 화학분자인 신경전달물질의 영향을 측정했다. 메시지가 얼마나 오래 지속되는지를 연구한 결과, 그들은 연속성이 짧은 자극(이 경우에 약한 전기쇼크) 후 몇 시간 동안 더 강한 시냅스가 유지되고, 그 다음에는 시냅스에서 생성된 전압이 서서히 원래 수준으로 내려간다는 사실을 발견했다. 그러나 약 10분 간격으로 3회 연이어 쥐에게 쇼크를 줄 경우에는 시냅스가 영구적으로 강화된다.

따라서 어떤 사람을 소개받자마자 그의 이름(우리에게 주어지는 자극)을 3회 반복하는 것보다 10분마다 그 이름을 반복할 때 기억이 더 잘 될 것이다. 이는 진화적 관점에서도 말이 되는데, 그 이유는 시간을 두고 반복적으로 접하게 되는 자극이 중요할 가능성이 더 높기 때문이다.

이다. 아니면 1997년에 나온 공상과학 영화인 〈맨인 블랙Men in Black〉에서처럼, 기억삭제는 정부가 시민들의 불편한 기억을 없애주는 편리한 방법이 될 수 있다.

실제로 우리의 행동을 보면 우리들 대부분이 망각을 갈망하는 것처럼 보인다. 왜 우리는 술을 마시고 마리화나를 피우며 헤로인이나 안정제에 의지하는가? 저명한 신경과학자이자 정신생물학자인 Michael S.

Gazzaniga는 우리가 머리를 흐리게 해서 뇌의 일부 기억들이 사라지길 바라기 때문이라고 주장했다. 그가 그렇게 생각하는 이유는 평범한 성인들이 기억강화제를 구하거나 ADHD 약물 암거래를 시도하는 경우가 거의 없기 때문이다. 우리들 대부분은 오랫동안 각자의 기억과 망각 수준을 스스로 조절해왔다. 그 방식을 바꾸는 것은 곧 우리의 일상생활과 우리 자신의 개인적인 이야기narrative를 뒤집는 일이다.

최악의 경우에는 기억강화로 인해 안 좋은 경험에 대한 불쾌한 기억이 되살아나 다시는 못 잊게 되는 불상사가 생길 것이다.

기억삭제가 새로울 건 없지만, 삭제하고 싶은 기억만 삭제한다는 시도는 새롭다. 우리는 수십 년간 전기충격요법EST으로 적어도 일시적으로 기억을 삭제(닥치는 대로 지워서 때로는 무참할 정도였지만)해왔다. 그러나 전기충격요법은 공고화된 기억에는 영향을 주지 못했다. 머리를 한 대 얻어맞거나 뇌활동을 방해하는 사건들처럼 공고화 단계의 외상도 마찬가지이다. 그로 인해 그 기간 동안의 기억이 공백으로 남아버리기도 했다. 더구나 오래되어 깊이 저장된 끔찍한 기억을 지우지는 못했다.

신경과학자들은 더 엄밀하고 더 나은 무언가를 모색 중이다. 그것이 뇌의 사후 피임약이라고 상상해보라. 즉, 사고 후 몇 시간 또는 몇 일 안에 복용할 경우, 최근 형성된 외상적 기억을 치료해서 그런 기억을 지우는 약이 있다고 상상해보라.

이터널 선샤인

2년간의 사랑이 안 좋게 끝나고, 이 연인들(2004년 Jim Carrey와 Kate Winslet이 연기함)은 각자 서로에 대한 자신의 기억을 지우기로 결정한다. 기억을 지우는 회사의 도움을 받은 후(플롯이 한참 진행된 후), 한때 연인이었던 그들이 낯선 사람으로 다시 만나 서로에게 미묘하게 끌리는 걸 느끼고 재결합하게 된다.

　　연구자들은 여러 가지 다양한 접근법에 착수하고 있다. 대부분의 접근법은 뇌의 화학적 조작과 관련되는데, 100개 이상의 분자들이 어떤 점에서든 기억형성과 관련되는 것으로 알려졌기 때문이다. 그 실험은 설치류를 대상으로 이루어졌다. 먼저 특정 자극을 두려워하게 가르친 다음 설치류들이 그 두려움을 '잊게' 하는(아니면 설치류가 어떤 생각을 하고 있는지 우리가 잘 모르기 때문에 그들이 잊어버린 것처럼 행동하는) 치료를 실시했다.

　　그러나 우리가 현재와 미래에 살아남기 위해서는 과거를 알 필요가 있음을 기억하자. 따라서 일부 기억을 제거하는 것이 위험할 수도 있다.

　　신경과학자들은 기억삭제에 점점 근접하고 있다. 캐나다에 있는 토론토대학교의 연구자들은 공포기억 저장과 관련된 뉴런만을 연구하여, cAMP 결합인자 반응 단백질cAMP response element binding protein: CREB이라는 뇌내 화학물질의 작용이 기억의 열쇠임을 발견했다. 연구자들은 공포기억 형성에 외측 편도체 부위와 CREB가 관여함을 확신한다.

　　브루클린에 있는 서니 다운스테이트 의료센터의 신경과학자들은 뉴런 간의 영구적인 기억 네트워크 강화와 관련된 것으로 알려진 기억작용 강화효소(PKMzeta라는 물질)의 활동을 막기 위해 쥐의 뇌에 실험용 약물을 직접(으악!) 투여하여 공포기억을 삭제하는 데 성공했다.

맨 인 블랙

1997년에 제작된 이 오락영화에서 Tommy Lee Jones와 Will Smith가 연기한 케이와 제이는 지구상에서 외계인의 활동 감시 및 치안을 위해 구성된 일급 비밀조직 요원들이다. 영화 내내 그들은 은하계의 음모를 방해하고 지구파괴를 막는다. 그 다음에 그들은 뉴럴라이저라는 번쩍이는 작은 도구(기억제거장치)로 사건에 대한 목격자들의 기억을 삭제한다. 그리고 그런 기억 대신 편안한 다른 기억을 넣어준다.

각종 정신질환의 피해

정서, 특히 공포의 생물학적 근거에 대한 연구 방면에서 선구자인 Joseph LeDoux는 일상적인 불안이 많은 피해의 원인임에도 다른 심각한 정신질환에 비해 연구가 미비하다고 말했다.

성인 인구의 약 18%(2000만 명 이상)가 불안장애를 앓고 있다. 그에 반해 조울증(570만 명), 정신분열증(240만 명), 주요 우울장애(1,480만 명)를 합쳐도 2,300만 명이 안 되어 성인 인구의 21%밖에 안 된다.

매년 미국에서 정신건강 문제로 내원하는 환자의 반 이상이 PTSD, 범불안장애, 강박장애, 정신분열증, 우울증을 비롯한 불안장애나 불안 관련 장애이다. 대부분의 경우에 불안이 그런 장애를 유발하거나 그런 장애를 극복하는 데 방해가 되었다.

LeDoux의 말을 직접 들어보자.

> "하지만 병적 불안이 아닌 사람들도 걱정됩니다. 불안은 잠행적이기 때문이죠. 다시 말해, 공포는 즉각적인 반면 불안은 은연중에 유발됩니다. (중략) 고심해서 생각할 수 있는 것도 우리 뇌의 공포기제가 정상이기 때문입니다. 심지어 '하나가 불안하지 않으면, 다른 불안이 바로 나타날 것이다.' 라는 농담이 있을 정도입니다."

LeDoux는 이어서 다음과 같이 말했다.

> "사실 우리 뇌는 경계에 적합하게 구성되어 있고, 그런 경계는 언제라도 불안으로 전환될 수 있습니다. 이는 걸핏하면 대항-도피 반응을 하는 편도체에서 사고를 담당하는 신피질로 가는 연결이 신피질에서 편도체로 가는 연결보다 더 많기 때문입니다. 그것이 바로 정서가 일단 유발되면 마음대로 진정시키기가 어려운 이유일 것입니다."

기억은 공포, 불안, 정체성에 중요한 역할을 한다. 이에 대해 DeDoux 는 다음과 같이 말했다.

"우리는 기억 그 자체입니다. 한 가지 미스터리는 기억이 어떻게 우리의 존재를 형성해 가느냐입니다. 바라건대, 빠른 시일 내에 우리가 그 미스터리를 정확히 파악했으면 합니다. 그리고 뇌에서 어떻게 기억이 강화되는지, 여러 체계가 어떻게 기억을 처리하는지를 매듭짓고 싶습니다. 아직 우리는 그런 체계가 어떻게 상호작용하는지를 잘 모르는 상태입니다."

LeDoux와 그의 동료 연구자들은 기억이 수정되고 삭제되기 쉬운 기간인 재공고화에 대해 연구 중이다. 장기기억을 유지하는 시냅스를 강화하려면 단백질 합성이 필수적이다. 최근 LeDoux와 그의 동료 연구자들은 장기기억을 회상해내는 과정에서 단백질 합성에 문제가 생기면, 실제로 기억이 사라질 수 있음을 발견했다.

한편, LeDoux는 정신건강을 높이고 불안을 줄이기 위해 생물학에 바탕을 둔 실질적인 조언을 한다.

"일반적으로 우리는 어려서부터 정신건강에 대해 더욱 적극적일 필요가 있습니다. 유아기부터 우리가 자녀에게 해줄 수 있는 가장 좋은 방법은 그들에게 호흡훈련을 시범 보이는 것입니다. 호흡훈련은 부교감 신경을 활성화시켜, 몸의 작용을 진정시키고 불안을 줄이며 집중을 도와줍니다. 요가와 명상도 이런 견해에 바탕을 두고 있습니다. 호흡은 대항-도피 반응을 담당하는 뉴런을 진정시킵니다. 다시 말해, 뇌와 몸을 다 진정시킵니다. 우리는 아이들의 섭생이 중요하다는 사실을 알고 있습니다. 그에 못지 않게 아이들의 정서조절도 중요하므로 깊은 관심을 가져야 합니다."

이 분야와 우리 뇌의 미래

연구자들이 우리 뇌의 기억이나 망각을 위해 약물이나 주사를 투여하기까지는 상당 기간이 걸릴 것이다. 그럼에도 불구하고, 기억과 학습 기제에 대한 지식은 상당한 진전을 보이고 있다. 최근 알츠하이머 질환의 확산이 강력한 유인체제가 되어, 제약회사, 연구센터, 정부에서는 관련 연구에 수십억 달러를 투자하고 있다.

비교적 신생 분야인 후성유전학에서 한 가지 기억강화 방법을 찾을 수 있다. 후성유전학이란 유전자 부호가 아니라, 유전자 발현에 영향을 주어 DNA의 변화를 꾀하는 연구이다. 즉, 유전자를 얼마나 적극 활용하여 단백질을 형성하는지가 주요 관건이다. 일부 연구에서는 수십 년 안에 유전자 발현을 조절해 알츠하이머 질환에서 정신지체에 이르는 많은 기억장애나 학습장애의 해결 및 치료가 가능할 것이라고 주장한다.

특정 유전자의 발현을 조절하기 위해 화학적 스위치를 활용할 경우, 장기기억에 엄청난 영향을 주는 것으로 나타났다. 이런 스위치는 유전자 발현 정도를 조절하는 약물일 수도 있고 환경변화일 수도 있다.

유전자 발현은 기억형성에 매우 중요하다. 개인이 학습을 하고 기억이 형성될 때, 뉴런의 활성화 여부가 새로운 단백질 합성을 촉진하고 그로 인해 신경세포 간의 연결이 형성되거나 강화된다. 이 과정에서 먼저 유전자가 리보핵산RNA으로 전사되고, 그 다음에 단백질로 번역된다.

지난 몇 년간 과학자들은 후성유전학을 통해 기억형성에 관여하는 화학물질을 꾸준히 연구해왔다. 기억형성을 위해서는 히스톤 아세틸기 전달효소HATs가 활성화되어야 한다. HATs는 히스톤histone에 아세틸기acetyl group라는 화학단위를 결합시킨다. 그러면 DNA가 풀려 유전자 발현에 변화가 생긴다. 이는 히스톤에서 아세틸기를 제거하여 DNA를 다시 결합시키는 정반대 효소(히스톤 디아세틸레이즈histone deacetylase: HDACs)를 억제하는 과정에서 이루어진다.

연구자들은 두려운 장소에 대한 쥐의 기억을 없앤 다음, 4주 동안 일부 쥐에게 HDACs를 억제하는 화학물질을 매일 투여함으로써 이를 검증했다. 이 과정에서 HATs가 단백질에 싸여있는 DNA를 풀어 유전자 발현을 변화시켰는데, 그 결과로 처치한 쥐들의 기억이 되살아났다.

추가적인 동물실험에서는 심각한 뇌손상 후에도 사라진 기억을 회복시킬 수 있고 그 회복과정에서 후성유전학 기제가 핵심적임을 제시하고 있다. 만약 뇌손상 후에도 약물로 기억을 되살릴 수 있다면, 한 걸음 더 나아가 정신지체와 같은 유전적인 뇌문제도 해결할 수 있지 않을까? 아마도 그럴 것이다.

과학자들이 정신지체와 유사한 유전장애가 있는 쥐에게 훈련하기 세 시간 전에 HDACs 억제제를 투여한 연구에서는 학습문제가 없는 것으로 나타났다. 이 연구는 타고난 정신지체마저도 후성유전학적 치료를 통해 고칠 수 있음을 시사한다.

기억삭제를 약물학에만 국한할 필요는 없다. 뉴욕대학교와 텍사스대학교의 연구자들은 공포기억을 약화시키기 위해 약물 대신 행동수정 요법을 도입했다. 즉, 이미 알려진 공포자극을 아무 반응이 없을 때까지 반복적으로 제공하는 소거훈련을 활용할 수도 있고, 공포기억을 회상할(재공고화할) 때 즉, 변화가 일어나기 가장 쉬운 단계에 공포기억을 막는 공고화 방해를 시도할 수도 있다. 연구자들은 변화가 일어나기 쉬운 재공고화 기간에 소거훈련을 적용하여 약물 없이도 쥐의 공포기억을 제거할 수 있었다.

MIT 연구팀에서도 약물 없이 쥐의 환경을 변화시켜 기억을 회복시키는 데 성공했다. 풍부한 환경(새로운 장난감과 운동할 쳇바퀴)을 제공하자, 히스톤의 아세틸기가 증가되어 마치 HDACs 억제제를 투입한 것처럼, 기억 유전자의 발현이 현저히 촉진되었다. 이런 연구결과는 아마도 지적으로 풍부한 세계에 살고 있는 학자들이 알츠하이머 질환의 발병률이 더 낮은 이유를 말해주는 것일 수도 있다. 지적 자극이 풍부한 직업이야말로 우리에게 또 다른 형태의 풍부한 환경일 것이다. 이는 지적 적극성 유지를 지지하는 추가적 증거로, 일과 놀이가 뇌에 필수적이라는 것과도 관련된다.

아직은 인간을 대상으로 한 후성유전학적 실험이 의도적으로 진행된 적은 없지만, 연구에서는 훗날 기억형성의 가능성뿐만 아니라, 알츠하이머 질환에서 정신지체에 이르는 인지장애의 치료 가능성 역시 엄청날 것임을 보여준다. 또한 과학자들은 훗날 우리가 뇌에 마이크로칩이나 프로세서를 이식하여 기억저장 공간을 증가시킬 수도 있음을 시사한다.

그동안 연구자들이 인간의 기억을 선택적으로 지우기란 가당치도 않았다. 실제로 그런 생각은 현실적이고 윤리적인 문제들을 야기한다. 예를 들어, 우리는 어떤 기억을 삭제해야 할지와 그 영향이 어떨지에 대한 확신이 뚜렷해야 한다. 아마도 도미노 효과로 인해 삭제한 기억과 관련된 기억이 사라질 수도 있고, 심지어 현재나 미래의 학습을 방해할 수도 있다. 만약 안 좋은 기억을 삭제하다가 좋은 기억까지 사라진다면 어떨까? 정부요원이 세뇌한다면 어떨까? 특정인들이 개인의 이익이나 정치적 권력을 위해, 아니면 자신이 좋은 가치라 여기는 것을 타인에게 부과하기 위해 과학을 활용할 위험성은 항상 존재한다. 그리고 이런 문제는 두고두고 제기될 것이다. 그러나 과학자들이 기억을 효과적으로 지울 수 있는 날이 온다면, 틀림없이 이런 부수적인 문제들도 해결되지 않을까?

4장

디지털 자아

디지털 폭발은 우리의 아이브레인(iBrain)에
어떤 영향을 주고 있는가?

개 요

책을 통한 학습, 물리적인 교실, 강의식 교수, 종이책 등의 생각을 버려라.
오늘날의 뇌는 인터넷 상호작용을 통해 학습한다. 인터넷은 번개처럼 빠르
고 언제 어디서나 무선 서비스가 가능하며 사회적·정치적·지리적 경계를
뛰어넘어 세계적으로 네트워크화되어 있다. 과학자들은 인터넷이 우리 뇌
에 어떤 영향을 줄지 잘 모른다. 하지만 상당한 영향을 주고 있으며, 다음
차례는 우리 뇌를 인터넷과 무선으로 연결하는 마이크로프로세서가 될 것
임을 확신한다.

The Scientific American **Brave New Brain**

과거: 월드와이드웹(World Wide Web)은 학계나 군대에서 사용되거나 일부 의욕적인 기자들이 주로 사용하던 고난도 기술이었다. 휴대전화가 매우 드문데다가 그 크기도 도시락만 했다. 게다가, 유선 전화기, 구식 TV(토끼 귀 안테나 TV), 책, 교실과 마찬가지로, 사용 가능한 범위가 제한되었다.

현재: 더 작은 기기, 도구, 휴대전화가 우리의 일상생활을 장악하여 누구나 모든 방면에서 디지털화되어 있다. 미국 성인의 85%가 휴대전화를 소지하고 있다.

미래: 뇌에 바로 신호를 보내는 디지털 장치를 이식하여, 각종 전자기기를 들고 다닐 필요가 없어지고 무수히 많은 정보가 계속 넘쳐 흐를 것이다. 다음 단계는 생체공학적 뇌이다.

우리는 디지털 원주민인가, 디지털 이주민인가?

어느 토요일 아침, 와이파이 연결이 안 되고 스마트폰을 못 찾았다고 가정해보자. 우리는 전화번호, 주소, 스케줄러, 이메일, 가족사진, 블로그, 페이스북, 마이스페이스, 인터넷 계좌이체, 문자 메시지 등 아무것도 할 수 없다. 심지어 도나우 강이 바다로 유입되는 지점이 어딘지에 대한 논쟁을 해결할 방법도 없다.

당신이라면 허둥댈까? 상황에 따라 다를 것이다. 당신은 디지털 원주민digital native인가? 즉, 디지털 시대에 태어나 컴퓨터, 인터넷, 휴대전화, 손바닥만한 스마트폰, 기타 디지털 기기가 일상생활에 상존해서 그런 것들 없이 지내본 적이 없는가? 아니면 디지털 이주민digital immigrant인가? 즉, 1980년대 이전에 태어나 새로운 기술이 매우 새롭고 꽤 낯설어 그런 기술을 배워야만 하는가?

2008년 선거에서 인터넷을 사용하지도 않고 사용할 수도 없을 것이라고 말했던 John McCain과 블랙베리가 손에 붙은 것처럼 보이던 Barack Obama 대통령을 비교해보자. 결국 25년이라는 연령차가 그 둘을 갈라놓은 것이다. 신경기술의 영향을 받은 세계관 변화가 그들의 태도, 행동 및 뇌에 반영되어 있었다.

'디지털 원주민'과 '디지털 이주민'이라는 용어는 컴퓨터와 인터넷으로 인해 학습이 근본적으로 변했다고 말한 Mark Prensky라는 게임 개발자가 2001년의 기사에서 처음 사용한 단어이다.

디지털 시대에 이메일과 쇄도하는 문자가 편지나 전화를 대체하면서, 우리의 업무, 생활, 상호작용 방식뿐만 아니라 정보의 습득, 활용, 소비 방식까지 바뀌었음은 의심할 여지가 없다. 우리는 대부분 PDA, MP3, 휴대전화, 아이폰, 스마트폰, 아이팟, 블랙베리, 트위터, 페이스북, 마이스페이스, 링크드인에 접속해 있다. 그리고 한쪽 귀에는 와이파이 기기를, 다른 쪽 귀에는 아이팟을 끼고 돌아다닌다. 실제로 당신은 전화번호부가 있는가? 사전은? 도서관 카드는? 랜선은? 아마도 없을 것이다. 일부 공립학교에서는 오픈 소스(무상으로 공개된 정보를 공유하는 소프트웨어), 무료의 디지털 버전이나 온라인 학습 덕분에 종이책을 없애고 있다. 요즘에는 아이폰용 마음챙김 명상 어플이 있을 정도이다.

디지털 시대가 우리의 사고방식(글쓰기 방식도 마찬가지겠지만, 이는 또 다른 문제이다)에 미치는 영향에 대한 의견이 많다. 온라인에 너무 오래 접속할 경우, 뇌의 정보처리 방식이 바뀌고 나아가서는 뇌가 물리적으로도 바뀔 것이다.

하지만 이런 사실들을 당연시해야 한다. 쇼핑, 포커게임, 또는 그 밖의 중독물질에 빠져 많은 시간을 보내는 것 역시 우리 뇌를 변화시키기 때문이다. 수십 년간의 연구에서는 우리의 마음과 몸을 활용하는 방식이 우리 뇌와 뇌활동을 변화시킨다는 사실을 제시했다. 요즘에는 디지털 기술과 인터넷에 많은 시간을 쏟아 신경처리가 변화될 수밖에 없다. 하지만 아직까지는 아무도 정확한 변화과정을 모른다. 대부분의 임상연구에서는 비디오 게임의 영향만을 연구했을 뿐이다.

디지털 원주민의 뇌

아직까지는 활동 중인 디지털 원주민의 뇌에 대한 연구가 거의 없지만, 디지털 활동에 대한 관찰에서는 다음과 같은 사실이 밝혀졌다.

- **접속시간 증가.** 디지털 원주민은 지리적 공간의 주민이라기보다 오히려 네트워크상의 주민으로 사이버 공간에 살고 있다. 국가적·문화적 경계를 뛰어넘는 인터넷이나 그 사용자들과 거의 24시간 연결되어 있다.
- **상호적인 학습 증가.** 디지털 원주민은 소극적인 인터넷 사용자가 아니다. 최근 퓨 인터넷Pew internet과 아메리칸 라이프 프로젝트 American Life Project의 연구에 의하면, 오늘날 십대의 50% 이상이 디지털 매체를 생산하고 있다.
- **시각의 민감성 증가.** 연구에서는 비디오 게임과의 상호작용으로 주변 시야가 향상되고 시각 자극에 대한 반응시간이 짧아진 것으로 나타났다.
- **빨라진 신경이동 속도.** 영상, 아이디어, 스크린 자료들 간의 신경이동 속도가 빨라진다.
- **간단한 의사소통.** 소설가의 메시지라기보다 시인의 메시지에 가까운 짧은 표현의 간결한 메시지가 오간다.

오늘날 디지털 원주민들은 정보를 작은 단위(바이트)로 나누어 신속하게 습득하는 경향이 있다. 그 밖에도 주의집중 시간이 짧고 주의를 분산시켜 다중과제를 처리하는 경향이 있다. 디지털 원주민들은 집중이 요구될 때 배경의 소음과 산만요소들(TV, 비디오, 우리의 목소리)을 차단할 수 있으며, 책이 아닌 사이버 공간에서 알아내야 할 무언가를 찾는 데 익숙하다. 놀랍게도, 대학에서 성취 수준이 높은 학생들은 당당하게 "우리는 책을 읽지 않죠. 다 인터넷에 있으니까요."라고 말한다.

학계에서도 이를 수용하는 분위기이다. 하버드의 인터넷 및 사회를 위한 Berkman 센터Harvard's Berkman Center for Internet and Society와 스위스
의 장크트갈렌대학교 정보법 연구센터Research Center for Information Law at
the University of St. Gallen에서는 디지털 시대의 젊은이들을 지지하고 연구
하는 〈디지털 원주민Digital Native〉이란 학제간 공동연구를 진행 중이다.
공동 책임자인 하버드대학교의 John Palfrey와 장크트갈렌대학교의 Urs
Gasser는 〈그들이 위험하다Born Digital: 디지털 원주민 1세대 이해하기〉
의 공동 저자이기도 하다. 이 책에서는 오늘날 네트워크로 연결된 문화
의 가능성과 위험 즉, 사생활 침해, 과도한 양의 정보, 정보의 정확성, 사
이버스토킹, 그리고 긍정적으로는 전 세계적인 연결성connectivity 증가까
지 다루고 있다.

Palfrey와 Gasser는 나름대로 낙관론의 원인이 있다고 말한다. 일부
어른 세대는 자녀(그리고 손자)의 뇌가 타인과의 상호작용이 부족하다
고 걱정하지만, 실제로 그들은 상호작용을 더 많이 하며 항상 그들끼리
나 기계 또는 전 세계와 상호작용한다. 그들은 국제교류, 특정 관심사,
공동체, 소셜 네트워크를 통해 집과 학교뿐만 아니라 전 세계적으로 연
결되어 있다.

그들의 세계(그리고 뇌)는 상호적(즉, 정보가 양방향으로 이동함)이
라서, 그들은 일방적인 강의를 수동적으로 듣는 전통적인 학습자가 아니
다. 개발도상국의 사람들이 전과 달리 네트워크에 빠져들고 있다. 인도
의 빈곤가정에서 천정의 물은 샐지라도, 휴대전화는 있어서 문자를 주고
받는다. 2009년에는 페이스북이 스와힐리(동부아프리카의 한 나라)에
진출했을 정도이다.

기술의 영향

이런 모든 연결성에도 불구하고, 일부 연구자들은 사회기능이 더 악화될
것이라고 주장한다. 〈아이브레인iBrain: 디지털 테크놀로지 시대에 진화
하는 현대인의 뇌〉에서 공동 저자인 Gary Small과 Gigi Vorgan은 신기

술로 일부 사고기능은 예리해졌지만, 다른 사고기능이 약화되었고 장기적인 주의집중도 손상되었다고 말한다. 뿐만 아니라 대화 중에 얼굴표정을 읽거나 미묘한 몸짓의 정서적 맥락을 포착하는 것과 같은 대면적인 사회기능도 악화된다. UCLA 산하 신경과학과 인간행동을 위한 세멜연구소Semel Institute for Neuroscience and Human Behavior의 교수인 Small은 우리가 컴퓨터에 많은 시간을 쏟아 타인과의 면대면 상호작용 시간이 약 30분 정도 줄었다는 2002년 스탠포드대학교의 연구결과를 인용했다.

그런 뇌가 어떻게 사용되고 있는지에 대한 다른 우려도 있다. 디지털 원주민은 엄청난 양의 정보와 하이퍼링크(하나의 생각에서 또 다른 생각으로 이어지는)된 아이디어를 받아들이는 경향이 있고, 거의 즉흥적인 의사소통에 빠져 있다. 사실, 디지털 원주민의 정신적 정보처리는 일부 디지털 이주민의 정보처리와 상당히 유사한데, 우리는 그런 상태를 ADHD라 한다. 실제로 디지털 세계의 몰입현상이 ADHD 증가에 기여했다는 비난을 받고 있다. 전문가들은 특히 TV, 비디오, 컴퓨터에 많은 시간을 쏟는 아동에게 주의력 장애가 발생할 가능성이 훨씬 더 높다고 말한다. 그러나 현대를 잘 살아가려면 우리에게 이런 특성이 필요할 수도 있다.

그러나 그런 논란은 대부분 일반적인 관찰, 2008년 〈월간 아틀란틱 Atlantic Monthly〉에 실린 논문[1]에 대한 의견과 격렬한 논쟁 및 〈인터넷이 우리 뇌를 왜곡시키는가?〉와 같은 논문에 바탕을 두고 있다.

이런 질문이 계속 제기되는 것은 당연한 일이다. 우리는 사이버교류와 정보가 넘치는 세상이 우리 뇌에 어떤 영향을 주고 있는지 잘 모르는데, 이는 우리가 아직까지 뇌활동을 잘 모르기 때문이다. 지금까지는 디지털 사용자와 비사용자의 활동 중인 뇌를 비교한 연구가 거의 없는데, 이는 인터넷을 전혀 모르는 대표집(大標集)을 찾기가 어렵기 때문이다.

---

1) 역주: 〈구글이 우리를 바보로 만들었나?〉의 저자인 Nicolas Carr는 "그렇다"라고 말했지만, 다른 사람들은 "아니다"라고 말했다.

Small과 그의 동료 연구자들은 이렇게 드문 연구를 두 번이나 수행했다. 이들은 fMRI 스캔으로 디지털 원주민 12명과 디지털 초보자(55세에서 75세 사이) 12명을 촬영한 후, 실험 대상자들이 인터넷에서 글을 읽거나 서핑할 때의 뇌활동을 관찰했다. 그들이 글을 읽을 때에는 양 팀 모두 동일한 유형의 뇌활동을 보였다. 그러나 인터넷 서핑을 할 때에는 디지털 원주민들만 의사결정과 복잡한 추론을 담당하는 뇌영역(전두극, 전측 측두엽, 전후측 대상, 해마)의 활동이 상당히 증가한 것으로 나타났다. 반면에 디지털 초보자들의 뇌는 글을 읽을 때와 거의 비슷한 반응을 보였다.

동일 집단을 대상으로 한 추가연구에서 연구팀은 디지털 초보자들의 신경 네트워크가 디지털 원주민들과 마찬가지로 크게 활성화되려면 매일 약 1시간씩 7일만 투자하면 된다는 사실을 발견했다. 작업기억과 의사결정에 중요한 부위인 중간전두이랑과 하전두이랑의 활성화도 마찬가지였다.

이 연구결과가 예비적이고 표집이 너무 작긴 하지만, Small은 인터넷 사용이 생리적 효과가 있어서 노인의 뇌회로를 향상시키고 인지를 촉진하여 노인의 뇌에 잠재적 이점이 있음을 시사해준다고 말한다. 연구는 계속 진행 중이며, 인터넷 사용이 뇌에 미치는 긍정적·부정적 영향을 더욱 깊이 연구하고 있다.

한편, 2009년 인터넷 몰입 전후의 실제적인 인지수행을 비교한 네덜란드의 연구에서는 수행결과에 별 차이가 없는 것으로 나타났다. 연구자들은 191명의 건강한 노인(64~75세)들을 표집하여 1년간 컴퓨터 환경에 노출시키고 다양한 수준의 컴퓨터 훈련을 실시한 후에 컴퓨터에 전혀 흥미가 없는 45명의 노인들과 비교해보았다. 4개월과 12개월에 실시한 표준화 인지기능검사에서는 두 집단의 차이가 전혀 없는 것으로 나타났다.

휴대전화가 우리의 아이브레인에 미치는 영향

디지털 기기, 특히 휴대전화의 전자파에 노출되는 것은 뇌에 안 좋은 영향을 줄 것이다. 한 연구에서는 취침 전의 휴대전화 사용이 불면증을 악화시키는 것으로 나타났다. 즉, 통화모드의 휴대전화 신호에 노출된 사람들은 잠들기까지 거의 두 배가 걸렸다. 또 다른 연구에서는 머리 맡에 휴대전화를 두고 자다가, 휴대전화가 우연히 울릴 경우 우리 뇌에서 각성과 관련된 뇌파가 최고조에 달한다는 사실을 발견했다. 아마도 이는 휴대전화로 인한 전기간섭을 막으려는 뇌의 노력 때문인 듯하다. 그러나 과학자들은 몇 십 년 안에 그런 문제가 해결될 것이라 예견했다. 이유인즉, 뇌 속 컴퓨터칩이 휴대전화를 대신할 것이기 때문이다.

근접한 우리의 미래

2006년에 쓰인 공상과학 소설 〈무지개의 끝Rainbows end〉에서는 요즘과 같은 추세로 연구가 진행되면 20년 안에 엄청난 혁신이 일어날 것이라 예고했다. 저자인 Vernor Vinge는 2025년의 세계를 상정했는데, 그 세계에서는 디지털 기술이 거의 모든 것에 사용되며 모두가 와이파이와 네트워크로 연결되고 알츠하이머 질환이 치료 가능할 뿐만 아니라 회복 가능하다. 소설 〈무지개의 끝〉을 살짝 들여다보자.

75세의 중국계 미국인으로 명망있는 시인인 주인공 Robert Gu는 알츠하이머 질환으로 몇 년간 일을 접고 있었다. 의료기술의 발달 덕분에 그는 세상으로 다시 돌아갈 수 있을 만큼 회복되었다. 그러나 아프기 전에 이메일을 사용해본 적이 없는 Robert는 세상과 몹시 동떨어진 자신을 발견한다.

노트북은 구식이 되어 버렸고, 휴대용 컴퓨터마저 없어진 지 오래다.

그래서 사람들은 자신의 위치를 찾아 그 위치를 청사진으로 상세히 알려주는 센서뿐만 아니라, 다층의 현실세계나 의사소통을 보여주는 컴퓨터, 특별한 콘택트렌즈 및 센서를 '장착' 한다. 누구나 바로 침묵의 메시지(가령, 말하지 않고도 생각만으로 보내는 메시지)를 보낼 수 있으며, 가상(실제처럼 보이는) 자아와 배경(중세풍경 속의 말하는 유니콘과 같은)을 만들 수 있다.

미래학자들의 입장에서는 이런 예측이 너무 뻔한 것일지 모른다. 인터넷에 접근하는 뇌이식이 곧 실현될 것이다. 정말로 이식을 하든 와이파이 신호나 뇌활동을 포착하는 센서가 달린 헬맷을 쓰든 말이다. 미래연구소Institute for the Future는 2009년의 10년 보고서에서 현실세계와 디지털 세계가 머지않아 '완전히 통합' 됨으로써, 우리 뇌와 감각에 새로운 층의 현실이 추가되어 자아에 대한 기본 개념도 재정립될 것으로 예측했다. 대부분의 디지털 원주민들은 이미 여러 개의 가상 '자아' 가 있다.

미래학자인 Ray Kurzweil은 수십 년 안에 우리가 진짜 인공지능을 갖게 될 것이라 예측했다. 나아가 21세기 중반쯤에는 우리 뇌를 실리콘에 다운로드하여 마음과 컴퓨터를 융합함으로써, 우리의 의식도 로봇, 아바타 또는 영구적인 복제인간에 다운로드되어 영원할 것이라 했다.

코드명 J

William Gibson이 1981년에 쓴 단편소설에 바탕을 둔 영화인 〈코드명 J〉의 Johnny Mnemonic(키아누 리브스)은 160GB(1995년 이 영화가 만들어질 당시에는 굉장히 큰 용량이었음)나 되는 중요한 정보를 담을 수 있는 이식 뇌를 가진 미래의 정보 불법거래자이다. 그러나 그가 귀중한 '패키지' 를 업로드했을 때 이식 뇌의 안전수준을 초과하고 정보를 인출하려는 암살범들이 접근하여 정보실행에 문제가 생긴다.

디지털 자아의 활용

이미 알츠하이머 질환이 있는 수천만 명의 환자들, 머지않아 그럴 가능성이 있는 사람들, 그리고 심지어 군대마저 사이버 기억에 대해 놀라운 관심을 보인다. 실제로 미국 방위고등연구계획국Defense Advanced Research Projects Agency: DARPA에서는 이에 대해 촉각을 곤두세우고 있다. DARPA에서는 우리가 어떤 물건을 구매하고 누구에게 이메일을 보냈는지와 같은 개인의 모든 '거래정보'를 검색 가능한 형태로 추적하고 수집하는 프로그램인 라이프로그LifeLog를 비롯한 개인용 디지털 기술 개발에 이미 수백만 달러를 투자했다.

불쾌할 수도 있는 개인정보의 사용 가능성은 기가 막힐 정도이며, 우리의 가장 기본적인 정보들(현재까지는 사적인 부분이었던)이 어떻게 사용되는지도 모른 채 추적될 수 있다.

신경과학으로 당장 해결하기 어려운 주요 한계가 있다. 즉, 디지털 자료수집만으로는 이런 기억을 다 이해하는 데 필요한 실제적인 생각이나 정서를 파악할 수 없다. 추후에는 어떨지 모르지만, 적어도 아직까지는 불가능하다는 말이다.

기록된 각 디지털 정보의 상대적 중요도를 알려주는 효과적인 방법도 없다. 가령, 은퇴연금에 관한 정보가 10년 전 치과방문과 관련된 이메일보다 더욱 중요하다는 사실을 말해주지 못한다. 이런 각각의 디지털

브레인스톰

1983년에 개봉된 이 영화에서는 연구팀이 사람의 뇌에서 바로 기억을 읽어내어 기록하는 뇌 판독 장치를 발명한다. 이 장치는 그런 기억을 재생하여 전화 헤드셋에 보내기 때문에 누구나 이 헤드셋을 착용하면 원래 사람이 느꼈던 모든 기억을 체험할 수 있다. 이 장치로 인해 테마파크 모험, 섹스, 심지어 죽음에 이르는 가상경험이 가능하다 보니 논란이 일고 문제가 복잡해진다. 물론 고문이나 세뇌에 사용하려는 군대의 야심도 문제가 된다.

정보들을 상황 속에서 이해하려면 일의 중요도에 대한 지식, 정서, 생각을 갖춘 사서가 꼭 필요하다. 다행히도 우리에게는 이미 그런 사서가 있다. 그것은 바로 우리의 마음이다.

내 몸은 어떤가? 아이브레인과 감각자아 간의 균형

우리는 뇌기능을 강화하는 디지털과 신경기술에만 너무 치중한 나머지, 자칫 뇌도 우리 몸의 일부라는 사실을 잊어버릴 수 있다. 디지털 세계의 장점이 많은 것은 사실이지만, 우리나 우리 자녀가 현실 속의 상호작용이나 주변 세계와 멀어지는 경향이 있다. 사회화, 접촉, 질감, 색, 움직임, 맛, 향기로 가득 찬 세계 말이다. 연구에서는 대부분의 학습에서 여전히 면대면 학습이 제일인 것으로 나타났다.

아기와 아이들의 뇌가 학습하려면 다른 사람, 특히 부모나 보육자가 필요하다. 과학자들은 사회적 유대와 상호작용이 조기학습에 중요하다는 사실을 발견했다. 아이들은 큰 플라즈마 TV 화면의 사람을 볼 때보다 다른 사람의 얼굴을 직접 볼 때 더 많은 정보를 얻는다. 아이들은 어른들이 무엇을 응시하는지를 관찰하면서 환경 속에서 중요한 사항을 배워가는데, 이런 학습은 그들이 어디에 관심을 기울여야 할지를 알아내는 단서가 된다.

인간적 유대와 상호작용 부족은 다른 감각을 철저히 차단한 채 시각과 청각을 과도하게 자극하는 TV나 컴퓨터 앞에 줄곧 앉아 있는 아동의 뇌에 큰 영향을 줄 수 있다. 만성적으로 TV, 비디오, 인터넷에 노출된 아이들은 균형 잡힌 감각발달이 어렵고 ADHD의 발병 가능성이 더 높을 것이다. 사실, 미국소아과학회American Academy of Pediatrics에서는 두 살 이하의 영아들에게 TV나 비디오 시청을 금할 것을 권하고 있다.

그리고 이는 성인들의 감각경험 확장에도 피해를 준다. 우리는 감각통합치료에서 몇 가지 요령을 취할 수 있는데, 이는 감각기관을 통해 유입된 정보처리에 문제가 있거나 불균형한 뇌를 지닌 아이들에게 주로 적

당신의 뇌는 디지털 사회에 중독되었나?

요즘 많은 사람들에게 포킹[2], 핑잉[3], 트위터, 문자, 인스턴트 메신저, 이메일 중독이 문제시되고 있음을 언급할 필요가 있다. 일부 연구에서는 이런 중독이 다른 중독과 마찬가지로 도파민 보상회로를 활성화시킨다고 주장한다.

그와 관련된 인터넷 링크가 수십 여 개나 된다. 자신이 디지털 소셜 네트워킹 중독인지를 판단하는 목록이 많다.

- 이메일과 소셜 네트워크를 하느라 잠을 줄인다. 아침에 일어나서 맨 먼저 이메일을 확인하고, 밤에 잠들기 직전에도 이메일을 확인한다. 아예 로그아웃을 하지 않는다.
- 누가 자신에게 글을 남기거나 자신에 대해 썼는지를 주구장창 확인하느라 매일 3시간 이상 트롤링[4]한다. 구글에 자기와 관련된 '창'이 얼마나 많은가? 페이스북 친구들이 얼마나 많은가? 자신의 블로그 방문자는 얼마나 되는가? 등등.
- 인터넷 접속 불가, 휴대전화 통화권 이탈, 컴퓨터 고장 상태에서 공황상태가 된다.
- 인터넷 소셜 네트워크는 내가 타인과 관계를 맺는 주통로이다. 나에게는 그런 계정이 하나 이상 있다. 사실, 나는 현실에서의 친구보다 페이스북이나 마이스페이스에 친구가 더 많다. 과연 어느 것이 진짜 현실인가?
- 페이스북, 트위터, 마이스페이스, 이메일을 하느라 업무를 미루거나 간과한다. 해야 할 일은 쌓여 가는데, 일에 손도 못 댄다.

---

2) 역주: 페이스북에서 새로운 친구 고르기
3) 역주: 상대편에게 전화를 걸면 상대편 전화기의 벨이 울리고 그 벨이 울리는 것을 자신도 듣게 되는데, 이를 '핑잉'이라 함
4) 역주: 인터넷 문화에서 고의적으로 논쟁이 되거나 선동적이거나 엉뚱하거나 주제에서 벗어난 내용, 또는 공격적이거나 불쾌한 내용을 공용 인터넷에 올려 사람들의 감정적인 반응을 유발하고 모임의 생산성을 저하시키는 행위

용되는 방법이다. 아동용 훈련법을 수정하면 가만히 앉아있는 성인용 훈련법으로 활용할 수도 있다.

컴퓨터를 하다가 잠시 휴식을 취하면서 다른 감각들을 일깨우고 조율하자. 점토, 핑거페인팅, 빵 반죽, 정원손질, 뜨개질, 모래 속에서 발가락 움직이기, 가구 색칠하기 등의 활동을 통해 촉감이 살아난다. 점프, 춤, 태극권, 요가, 혹은 기타 전신 운동으로 전정기관의 활동이나 균형 잡기 능력이 향상된다. 아로마테라피(마찬가지로 정원손질이나 요리하기도)로 코를 자극하자. 라바램프, 멀리 보기, 잡고 던지는 게임 등으로 시각을 확장시키고, 어쿠스틱 음악을 연주하거나 물거품이 이는 분수 소리를 들으며 청각에 자극을 주자.

디지털 시대에 절실히 요구되는 놀이

심리학자들과 많은 연구팀에서는 아동기의 놀이가 사회·정서·인지 발달에 중요하고, 성인의 뇌에도 마찬가지라고 한다. 실제로 연구들에서는 어려서 놀지 못한 사람과 동물은 후에 행동문제를 겪는 것으로 나타났다. 이 전문가들이 말하는 놀이란 컴퓨터 게임이나 스포츠가 아니라, 자유놀이이다. 다시 말해, 움직임(점프, 달리기, 레슬링 등)이 포함된 상상력 넘치고 자유로운 장난으로, 아무런 목적이 없는 창의적 활동을 일컫는다.

보스턴대학교 발달심리학자인 Peter Gray는 역사 초기에 협동심과 공동의식을 함양하고 공격성과 이기심을 줄이기 위해 놀이가 나왔다는 이론을 제안했다. 그러나 오늘날에는 자유놀이가 흔치 않다. 중등학교뿐만 아니라 정규 유치원(혹은 길거리의 위험으로부터 그들을 보호하기 위해)에 자녀를 보내려는 경우에는 더욱 구조화된 실내활동을 위해 놀이시간을 줄이고 있다. 이제는 유아들의 방과후 시간이 음악레슨이나 스포츠로 채워지고, 좀 더 자란 후에는 디지털 게임, 문자, 인터넷 등에 소요될 것이다. 이로 인해 창의성과 협동심을 함양하는 상상력 넘치고 자유로운 놀이나 면대면 접촉이 사라질 것이다.

놀이의 긍정적 효과는 성인에게도 중요하다. 놀이 덕분에 신경쇠약을 예방하고 우리 뇌가 지적 노동에서 벗어나 휴식을 취하게 된다. 일은 어차피 처리되기 마련이고, 놀이로 얻은 행복과 회복된 에너지는 놀이에 투자한 시간 이상으로 보상을 안겨줄 것이다. Gray는 최근의 경제붕괴가 노는 방법을 모르는 어른들의 탐욕 및 이기심과 밀접하다고 주장할 정도이다.

전문가들은 우리가 내면의 아이에게 자유로운 감각통합치료를 도입해야 한다고 주장한다.

- **신체놀이**. 시간적 압박이나 기대하는 성과가 없는 움직임 활동을 즐겨 하라(살빼기 위해 운동하는 것이라면, 그것은 놀이가 아니다).
- **물체놀이**. 가지고 놀 물건을 직접 만들어봐라. 모래성 쌓기부터 수채화 그리기까지 무엇이든 다 좋다. 특정 목표를 정할 필요가 없다.
- **사회놀이**. 아무런 목적이 없이 다른 사람들과 함께 하는 사회활동 즉, 타인과의 잡담이나 언어게임을 즐겨라.

아직까지 무엇을 해야 할지 모르겠다면, 어렸을 때 즐기던 것들을 생각해보자. 그 다음에는 그것을 현재의 자기 생활에 맞게 응용해보자. 우리가 조금만 자녀들과 함께 시간을 보낸다면, 우리의 기억력이 더 향상되고 자녀 역시 인터넷에서 벗어날 것이다.

이 분야와 우리 뇌의 미래

이 책을 읽고 있는 사람이라면, 아마 인터넷 사용자일 것이고 이미 디지털 아바타가 하나 정도(혹은 둘) 있으며 모종의 디지털 기억도 있을 것이다. 우리가 컴퓨터를 좋아하는 중요한 이유 하나는 사진부터 이메일과 일정에 이르기까지 우리가 기억하고자 하는 사항을 다 저장해주기 때문이다.

우리는 필요할 때마다 꺼내 쓸 수 있는 완벽한 기억(우리가 말하고 보고 읽고 듣고 행한 모든 것에 대한)을 꿈꾸곤 한다. 실제로 우리는 디지털 뇌를 사용할 수 있다. 컴퓨터 과학자인 Gordon Bell은 이미 디지털 뇌에 거의 근접해 있다. 다시 말해, 그는 자기 삶을 디지털 기록으로 남겨 놓았고, 때로는 그것을 자신의 대리뇌surrogate brain라 말한다. 마이크로소프트의 과학자인 그는 1998년 이래 자기 인생의 거의 대부분을 기록해왔다. 컴퓨터 사업 분야에서 그의 긴 이력과 개인사에 대한 모든 문서와 유물을 마이라이프비츠MyLifeBits[5]라는 마이크로소프트의 프로젝트에 디지털 형태로 기록했다.

이 개념은 사실 컴퓨터보다 먼저 구현되었다. 실제로 제2차 세계대전이 끝날 무렵 대통령의 과학 고문인 Vannevar Bush가 그 개념을 제안했다. 그는 메멕스memex[6]라는 기억 확장장치를 바랐는데, 그 당시 그것은 모든 의사소통을 기록하고 저장하는 마이크로필름 장치였을 것이다.

오늘날 기술이 발달했을지라도, 마이라이프비츠의 정보량은 놀라울 정도이다. 이 시스템에 Bell의 통화, 청취한 라디오 프로그램이나 시청한 TV 프로그램, 이메일의 복사본, 그가 방문한 웹사이트와 그가 열어본 파일들, 그가 주고받은 인스턴트 메시지의 내용을 다 기록한다. Bell이 정신없이 바쁠 때에도 마이라이프비츠는 움직임 탐지자에 의해 작동되고 그의 목에 두른 휴대용 위성항법장치Global Positioning System: GPS와 카메라로 계속 그의 위치와 주변을 업로드한다.

그런데 왜 안 되겠는가? 우리에게 디지털 저장장치가 있고 그 장치

---

5) 역주: 사라질 수 있는 인간의 기억을 컴퓨터의 e-memory로 보충하려는 프로젝트

6) 역주: 메멕스(Memex, 'Memory extender'의 합성어)는 Vannevar Bush가 1945년 〈월간 아틀란틱〉에 기고한 '우리가 생각한 대로(As We May Think)'라는 글에서 제시한 이론적인 원시 하이퍼텍스트(proto-hypertext) 컴퓨터 시스템

의 비용도 저렴한데 말이다. 오늘날의 하드로는 1테라바이트(1조 바이트)의 정보를 저장할 수 있다. 이 용량은 우리가 읽은 모든 것(이메일, 웹페이지, 신문, 책), 우리가 구매한 모든 음악, 8시간의 연설, 이후 60년간 매일 사진 10장을 저장하기에 충분한 용량이다. 10년 안에 우리는 컴퓨터에 4테라바이트짜리 저렴한 외장하드를 무선으로 연결하는 동시에, 휴대전화 플래시 메모리에 1테라바이트의 정보를 담아 가지고 다닐 것이다. 20년 후에는 누군가의 한평생(100년 동안)을 다 기록할 수 있는 250테라바이트짜리 저장장치를 몇 백 달러만 줘도 구입할 수 있을 것이다.

기존의 기술만으로도 우리는 이미 이를 어느 정도 실행하고 있다. 디지털 저장장치에 필요한 하드웨어와 소프트웨어가 향상되면서, 더 많은 이들이 하드에 삶의 전자기록들 즉, 디지털 사진, 편지, 메모, 의제, 주소록을 저장하게 되었다.

이들 중 일부는 2007년 샌프란시스코 거리에서 Bell의 움직임에 따라 디지털 카메라에 자동으로 영구 기록된 행인들의 사진처럼 지극히 평범하고 사소한 것들이다. 일부 비평가들은 이를 가상자아도취나 마이라이프블롭MyLifeBlob[7]이라고 비판했다. 그러나 여기에는 매우 중요한 잠재적 활용 가치가 있다. 가령, 센서가 일주일 내내 온종일 신체기능을 점검하여 정상상태의 패턴을 파악한다면, 당신이나 당신의 주치의가 심근경색이나 뇌졸중과 같은 질환을 예측할 수 있다. 디지털 엑스레이를 비롯한 건강기록이 우리의 휴대전화에 기록될 수도 있다. 사실, 우리들 중 일부는 이를 기다릴 필요가 없다. 2009년 대규모 건강유지기구인 Kaiser Permanente에서는 기본사항(회원의 응급 연락장치, 의사, 의료문제, 알레르기, 현재 복용약, 지난 해의 검사결과)이 저장된 플래시 드라이브를 북부 캘리포니아 회원들에게 무료로 제공하기 시작했다.

---

7) 역주: 마이라이프비츠에 존재하는 가상자아

행복의 전염성

더 행복한 삶을 누리고 싶은가? 그렇다면 주변에 행복한 친구들이 넘치게 하라. 아니라면, 적어도 행복한 친구가 있는 친구를 찾도록 하라. 〈영국 의료저널British Medical Journal〉의 한 연구에 따르면, 행복은 물리적으로 가까운 사회적 네트워크 속에서 빠르게 전염된다는 것이다.

　　연구자들은 20년 동안 5,000명 이상의 사람들에 대한 연구를 바탕으로 어떤 사람이 행복하면 자기 친구와 그 기쁨을 나눌 가능성이 더 높다는 사실을 발견했다. 이런 혜택은 3단계 정도까지 퍼져 나간다. 즉, 친구의 친구뿐만 아니라, 친구의 친구의 친구까지 행복해질 수 있다는 말이다.

　　그러나 페이스북상에서 10,000명의 친구들이 우리에게 행복을 줄 것이라 기대하지 말아라. 왜냐하면 행복한 친구들을 물리적 공간에서 접해야만 그런 전염이 가능하기 때문이다. 연구자들은 물리적 거리가 멀어지면 이처럼 강력한 효과가 사라진다는 사실을 발견했다. 그래서 옆집에 사는 이웃과 근처에 사는 친구가 가장 큰 효과를 본다. 다행히 행복의 상호적 효과에 비해 슬픔의 상호적 효과는 약해서, 사회적 네트워크 안에서 별로 확산되지 않는다.

　　21세기 말쯤(Ray Kurzweil에 의하면, 그보다 빨리)에는 뇌에 이식된 보조칩에 이 모든 것들을 저장하게 될 것이다. 농담이 아니다. 신경과학자들은 그리 머지않아 우리 뇌에 컴퓨터 칩을 이식하여 기억을 확장(혹은 알츠하이머 때문에 손상된 뇌영역을 보충하기 위해)하거나 정보를 보관할 것이라 예측한다. 실제로 뇌-기계 인터페이스는 이미 존재하는 기술이고, 먼 미래에는 우리의 의식을 담은 복제인간도 가능할 것이다 ('생체공학적인 뇌', 123페이지 참고).

5장

뇌영상으로 본 우리 뇌

마법과 같은 뇌영상

개 요

수천 년 동안 치유자들은 두개골을 열지 않은 채 사고하는 뇌의 내부를 보겠다는 헛된 열망을 가져왔다. 그리고 얼마 전까지만 해도 그런 기술은 나올 듯 말 듯할 뿐이었다. 그런데 기능적 자기공명영상(fMRI) 스캔으로 새로운 뇌영상이 가능해져, 모든 상황이 바뀌었다. 그것은 과학자들이 활동하는 우리 뇌를 실시간으로 관찰하게 되었기 때문이다. 크게 가속되고 있는 기술 덕분에 머지않아 우리 뇌를 관찰, 진단, 치료하고, 심지어 향상시키는 데 필요한 더 좋은 도구들(공상과학에 나오는 도구를 능가하는)이 쏟아져 나올 것으로 예측된다.

The Scientific American ***Brave New Brain***

과거: 두개골의 모양에 따라 뇌기능을 구분하던 사이비 과학인 골상학 대신 엑스레이와 전극을 이용한 실제 뇌영상이 등장했다. 이러한 기술들 덕분에 뇌영역과 몇몇 신경활동에 대해 어렴풋이나마 알게 되었고 심각한 문제가 있을 경우에는 영상으로 볼 수 있었다.

현재: 정교한 신경영상 덕분에 그 어느 때보다 뇌 내부를 더 상세히 관찰하게 되었고, 이는 뇌수술과 진단에 도움이 되었다. 그리고 일부에서는 거짓말이나 폭력 가능성과 같은 우리의 정서와 행동 중 일부를 뇌지도로 매핑하고 기록하며 예측하게 되었다.

미래: 뇌기능에 관한 지식 증가로 과학자들이 뇌스캔을 더 정확히 해석하게 될 것이다. 3차원 비디오와 나노봇 덕분에 신경영상이 또 한 번 도약함으로써, 뇌에 비침습적으로 접근하여 뇌활동을 상세히 기록하고, 나아가서는 정신질환에서 뇌졸중에 이르는 모든 병을 치료하게 될 것이다.

오늘날에는 뇌스캔을 자연스럽게 여기지만, 사실 이것은 마법과 같은 놀라운 방법이다. 과학자들이 두개골을 열지 않은 채 활동하고 사고하며 느끼는 우리 뇌의 내부를 관찰할 수 있게 되었다. 중요한 것은 그것이 기록적인 시간대에 이루어졌다는 점이다. 겨우 백 년 남짓 동안 엑스레이에서 뇌파검사와 전자스캔으로 기술이 크게 발전한 것이다.

이 도구 덕분에 많은 미스터리가 밝혀지고 있다. 그로 인해 정상적인 뇌활동, 뇌기능 장애, 뇌질환에 관한 과학자들의 기본적인 지식이 증가되었다. 그들은 가장 중요한 기관인 뇌의 위치, 형태, 배선, 생화학을 신속히 매핑하고 있고, 혹시 문제가 있을 경우에 어디에 어떻게 개입할지까지 알아낼 정도이다.

신경영상이 없다면, 뇌수술이 얼마 전과 별 차이 없이 주먹구구에 가까울 것이다. 그래서 어느 영역이 외상이나 종양과 관련되는지, 떨림을 멈추려면 전극을 어디에 배치할지, 심지어 어떤 뇌영역에서 발작이 시작되는지를 미리 알기가 어려울 것이다. 영상기법을 통해 알츠하이머 질환, 다발성 경화증, 정신분열증이 있는 환자들과 자폐아들의 뇌에 활성화, 크기, 네트워크 등의 문제가 있는 것으로 나타났다. 이제 우리는 알츠하이머 질환과 뇌졸중이 언제 어디에서 나타날지를 예측할 수 있다. 이 기술은 매년 수천 명의 목숨을 구하거나 건강을 개선하고 머지않아 미시적인 뇌활동 정보까지 제공할 것으로 예측된다는 점에서 정말 놀라운 성과이다.

거짓말하는 뇌의 혈류를 기록하는 기능적 자기공명영상fMRI은 활동 중인 뇌에 대한 우리의 견문을 넓혔다. 우리는 간질발작시의 영감, 뇌졸중의 혈전진행, 순간적인 감정이 얼굴붉힘으로 전환되는 뇌영역과 과정까지 관찰하고 기록할 수 있다.

뇌스캔 관련 자료가 거의 매주 발표되고 있고, 그 중 상당수는 fMRI의 소위 독심술적 측면(fMRI 영상은 특정 사고나 감정을 담당하는 부위를 보여주고 어느 뇌부위에서 언제 무엇을 생각하고 있는지를 알려준다는 점에서) 때문에 논란의 여지가 있다. 이 때문에 오늘날의 기술을 통해 마음에 대해 알 수 있는 사항과 그런 지식이 법집행, 고용 및 사회적 관계에서 의미하는 바에 대한 몇 가지 열띤 논의가 있었다.

뇌영상 장비들

오늘날의 정교한 기술장비들은 정말 놀라울 정도이다. 여기에서는 그런 장비들이 지금까지 어떻게 발달해왔고 어떻게 작동하는지와 알파벳으로 된 두문자어의 의미를 살펴본다.

엑스레이: 1895년에 발견됨. 전자기 방사선은 내부의 밀도차이로 인해 전자기 방사선을 흡수하는 정도가 다른 물체를 통과해서 감광필름에 음화를 남긴다. 이는 엑스

레이 발견으로 처음 노벨상을 수상한 Wilhelm Conard Röntgen를 본따 Röntgen 방사선이라고도 불린다. 새로운 형태의 디지털 엑스레이는 방사선을 덜 사용하며 곧바로 볼 수 있다.

EEG(뇌파검사): 두피에 붙인 여러 개의 전극을 통해 뇌의 전기활동을 바로 읽어서 꺾은선 그래프로 나타낸다. EEG는 1920년대부터 사용되었으며 비교적 저렴하고 효과적이다. 하지만 뇌 깊숙한 곳에서 일어나는 활동은 잘 감지하지 못하고 영상을 만들지도 못한다.

CAT(컴퓨터 축 단층촬영법, CT, 컴퓨터 단층촬영법이라고도 함): 신체의 횡단면을 다양한 각도에서 찍기 위해 특수 엑스레이 장비와 컴퓨터를 사용한다(단층촬영법은 특정한 단면을 찍는 기법을 의미함). 이는 1970년대부터 사용되었고, 다른 부위에 가려진 신체 부위도 상세히 보여준다는 점에서 엑스레이보다 낫다.

PET(양전자 방출 단층촬영): 소량의 방사성 물질을 환자에게 주사한 다음, 이를 특수 영상 카메라로 탐지한다. 이를 통해 혈류뿐만 아니라, 산소나 포도당과 같은 물질을 모니터해서 여러 뇌영역의 활동을 관찰하고 측정한다.

MRI(자기공명영상): 신체 내부구조의 컴퓨터 영상을 찍기 위해 자기장을 이용한다. MRI는 뇌와 같은 연조직을 촬영할 때 딱이다.

fMRI(기능적 자기공명영상): 이는 활동 중인 뇌의 혈류와 기타 활동을 실시간으로 측정할 수 있는 뇌스캔이다.

MEG(뇌자도): 뉴런 내의 전류로 인해 생성되는 자기장을 측정하고 다양한 기능과 관련된 뇌활동을 실시간으로 탐지한다.

SPECT(단일광자 단층촬영): 뇌의 혈류를 측정하고 모니터하며, 3차원 영상을 찍기 위해 PET처럼 소량의 방사성 추적자를 사용한다.

DTI(확산텐서영상): 뇌의 50%를 차지하고 여러 뇌영역을 연결하는 백질 또는 수초를 따라 물분자의 흐름을 측정한다. 이 기술은 아직 해석이 쉽지 않다.

MRI의 작동방식

오늘날 MRI와 fMRI는 연구자들이 활동 중인 뇌를 보려 할 때 가장 인기 있는 뇌스캔 기술이다. 명상하는 수도승에서 섹스 중인 커플에 이르는 자원자들을 MRI로 촬영하는 과정에서 우리의 뇌관련 지식이 확대되었다.

그렇다면 MRI 장비가 어떻게 생겼는지와 우리가 생각하는 동안(또는 바쁠 때) MRI가 실제로 어떻게 작동하는지 알아보자. 스캐너는 약 12톤에 이를 정도로 무겁고, 가격은 250만 달러 정도이다. 이는 강력한 자기장이 발생하는 초전도선을 헬륨으로 냉각시킨 커다란 전자기 원통이다. MRI의 자기장은 지구 자기장의 25,000~80,000배나 된다. 자기장이 너무 강해서 통제구역에 들어갈 때에는 금속물질을 다 탈착해야 한다. MRI에 끌려 날아다니는 금속물질에 맞아 죽은 사람이 있을 정도니까.

심박 조율기를 부착하거나 금속이식을 한 환자는 통제구역에 들어갈 수 없다. 이는 자석에서 자력이 발생할 때 나오는 엄청난 소음을 막기 위해 그 방 자체를 강철로 강화하고 방음기술을 활용하기 때문이다.

MRI 스캔 피검자들은 길고 좁은 원통형 자석에 들어가는데, 그때 피검자의 머리 주변에 자장이 형성된다. 원통 안에서는 가만히 있어야 한다. 그래서 머리의 움직임(영상이 흐려질 수도 있기 때문에)을 줄이기 위해 보통 머리코일('우리'라 불리는) 안에 있는 거품쐐기로 머리를 고정한다. 머리를 고정하기 위해 바이트 바(헤드 레스트에 부착된 맞춤형 마우스피스)를 이용할 때도 있다. MRI로 1~2초마다 영상을 찍어내어 스캔회기당 수천 장에 이르는 영상이 나오기 때문에 아주 시끄럽다. 빠른 망치질 소리와 같은 큰 소리가 계속되기 때문에 이를 막기 위해 이어폰이나 헤드셋을 사용한다. 진단이나 연구에 따라 15분에서 한 시간 이상 걸릴 수 있다.

전파는 자기장을 통해 전달된다. 센서로 신호를 읽고 컴퓨터가 그 정보를 토대로 영상을 구성한다. 그 영상은 뇌의 겉과 안을 해부학적으로 상세히 보여주고 이들 구조의 미세한 변화도 탐지해낸다. 자기신호와 뇌의 혈류를 바탕으로 fMRI 영상이 생성된다. 뉴런이 활성화될 때에는 근처 모세혈관에 있는 적혈구의 헤모글로빈에서 더 많은 산소를 소모한다. 즉, 뇌에서는 더 많은 양의 산소를 내보내 산소 요구량 증가에 반응하고, 아직 이유는 잘 모르지만, 실제 필요량보다 더 많은 양을 내보낸다. 뉴런의 활동과 혈류변화 사이에 약 5초의 지연이 있어, 활성화된 뇌영역에서 산화 헤모글로빈의 상대적인 농도차가 나타난다. 헤모글로빈 내의 철이 자기장에 민감하여 산소가 있는 혈구와 없는 혈구 간에는 자기의 차이가 상당하다. MRI 스캐너는 이러한 차이를 측정하고 기록하여 영상을 만들어낸다.

사이코패스, 소아 성도착자, 자폐아의 뇌

과학자들은 일부 집단의 뇌에서 여러 가지 이상을 발견 중이다. 뇌에 범죄 가능성이 보이는 사람들을 진단하고 치료하거나 미리 판별해서 격리한다면 이들에게 도움이 될 수 있다. 그 예를 제시하면 다음과 같다.

- 예비적인 결과에서는 사이코패스로 진단된 남자 9명의 뇌가 다른 일반인들의 뇌와 다른 것으로 나타났다. 런던에 있는 킹스칼리지의 정신의학연구소Institute of Psychiatry에서는 DTI-MRI라는 새로운 스캔기술을 이용해 사이코패스와 일반인은 편도체와 안와전두피질을 연결하는 갈고리다발이라는 백질경로가 크게 다름을 발견했다. 사이코패스 정도가 심할수록, 갈고리다발의 이상이 심각했다. 연구대상이었던 사이코패스 중 일부는 윤간, 과실치사를 저질렀고 의도적인 살인을 시도했었다(우연히도 연구 당시에는 그들 중 아무도 수감되지 않은 상태였다). 또한 소아 성도착자들은 성적 흥분과 관련된 뇌영역을 연결하는 백질이 더 적은 것으로 나타났다.

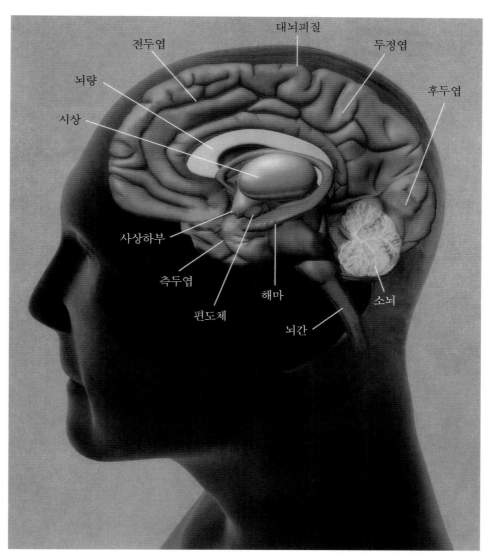

대뇌피질

전두엽

두정엽

뇌량

후두엽

시상

사상하부

측두엽

해마

소뇌

편도체

뇌간

주요 뇌부위

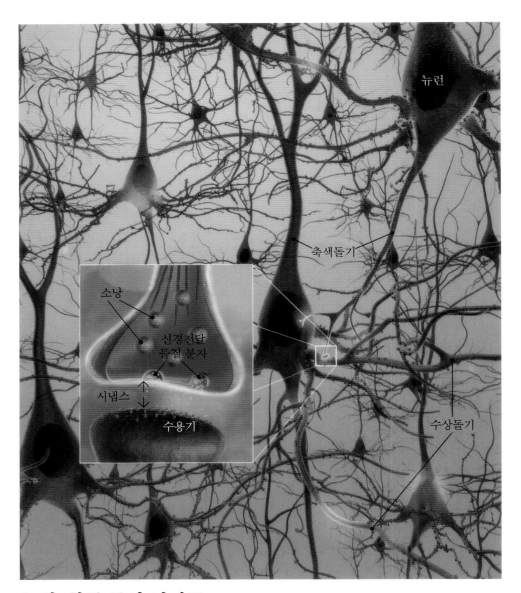

뉴런

축색돌기

소낭

신경전달
물질 분자

시냅스

수용기

수상돌기

뉴런: 활동 중인 뇌세포

축색돌기는 뉴런의 긴 팔로, 신호를 내보내며 각 뉴런에 하나씩 존재한다. 수상돌기는 더 짧은 가지로 된 수용기이며, 각 뉴런에는 많은 수상돌기가 존재한다. 전기신호와 화학 메신 저(신경전달물질)가 뉴런 사이의 작은 간극인 시냅스를 통과한다.

새로운 뉴런의 생성 과정

뇌의 주요 두 영역 즉, 뇌실(중추신경계에 영양을 공급하는 뇌척수액이 있는)과 해마(학습과 기억에 결정적인)에서는 주기적으로 분열되는 신경줄기세포로부터 새로운 뉴런이 만들어진다. 신경줄기세포는 증식하여 다른 신경줄기세포와 신경전구세포(뉴런이나 교세포로 자랄 수 있는)로 분화된다. 그러나 새로 생성된 신경줄기세포는 모세포에서 분리된 후에 분화된다. 보통 50%만 생존하고 나머지는 죽는다. 성인의 뇌에서도 해마와 후각구(냄새를 처리하는)에서 새로 생성된 뉴런이 발견되었다. 연구자들은 성인의 뇌에 신경줄기세포와 신경전구세포가 필요할 때 이들 세포의 분열과 발달을 조절하여 스스로 회복되길 바라고 있다.

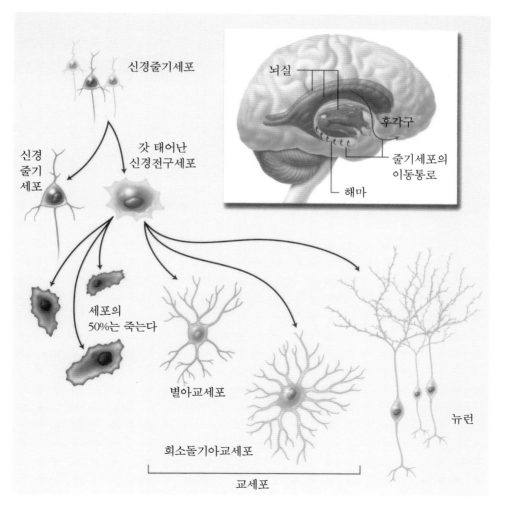

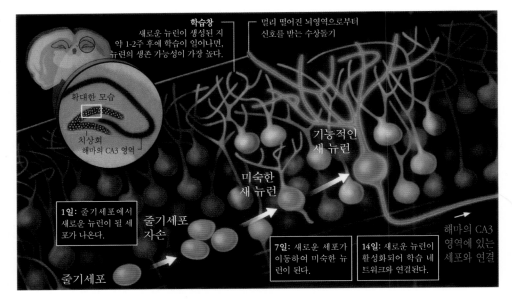

학습창
새로운 뉴런이 생성된 지 약 1-2주 후에 학습이 일어나면, 뉴런의 생존 가능성이 가장 높다.

멀리 떨어진 뇌영역으로부터 신호를 받는 수상돌기

확대한 모습

치상회
해마의 CA3 영역

기능적인 새 뉴런

미숙한 새 뉴런

1일: 줄기세포에서 새로운 뉴런이 될 세포가 나온다.

줄기세포 자손

7일: 새로운 세포가 이동하여 미숙한 뉴런이 된다.

14일: 새로운 뉴런이 활성화되어 학습 네트워크와 연결된다.

해마의 CA3 영역에 있는 세포와 연결

줄기세포

학습이 새로운 뉴런의 생존에 기여하는 과정

해마에서 뇌세포가 새로 생성된 첫 주에 치상회의 가장자리(뇌세포가 생성된 곳)에서 더 깊은 부위로 이동하고, 그곳에서 성숙하여 뉴런 네트워크와 연결된다. 연구에서는 세포가 생성된 지 약 1~2주 후에 학습하면 생존 가능성이 높은 것으로 나타났다. 학습활동이 없을 경우에는 새로 생성된 해마의 뉴런이 대부분 죽는다.

후성유전학: 유전자의 발현 조절

DNA 계열이 염색체에 저장된 유일한 부호는 아니다. 몇몇 후성유전학적 정보가 유전자의 발현 가능성을 높이거나 낮출 수 있다. 이런 정보는 DNA(또는 염색체 안에서 그 모양을 조절하는 히스톤 단백질과)와 화학적으로 결합하여 암호화된다. 우리의 후성유전자는 환경, 행동, 심지어 생각과 감정의 영향을 받을 수 있다.

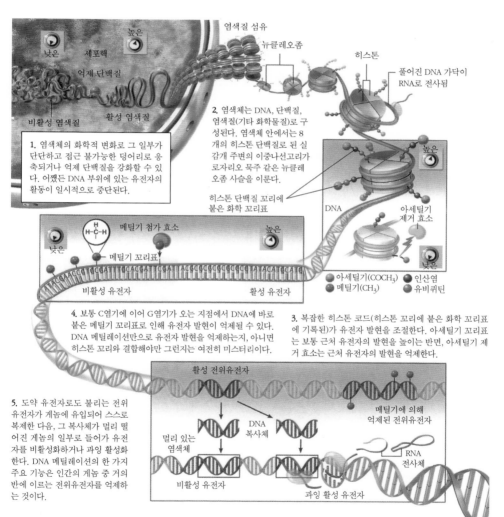

염색질 섬유

뉴클레오좀

히스톤

풀어진 DNA 가닥이 RNA로 전사됨

낮은   높은   세포핵

억제 단백질

비활성 염색질   활성 염색질

1. 염색체의 화학적 변화로 그 일부가 단단하고 접근 불가능한 덩어리로 응축되거나 억제 단백질을 강화할 수 있다. 어쨌든 DNA 부위에 있는 유전자의 활동이 일시적으로 중단된다.

2. 염색체는 DNA, 단백질, 염색질(기타 화학물질)로 구성된다. 염색체 안에서는 8개의 히스톤 단백질로 된 실감개 주변의 이중나선고리가 로자리오 묵주 같은 뉴클레오좀 사슬을 이룬다.

히스톤 단백질 꼬리에 붙은 화학 꼬리표

DNA

높은

아세틸기 제거 효소

메틸기 첨가 효소

메틸기 꼬리표

낮은   높은

비활성 유전자   활성 유전자

낮은

● 아세틸기(COCH₃)   ● 인산염
● 메틸기(CH₃)   ● 유비퀴틴

4. 보통 C염기에 이어 G염기가 오는 지점에서 DNA에 바로 붙은 메틸기 꼬리표로 인해 유전자 발현이 억제될 수 있다. DNA 메틸레이션만으로 유전자 발현을 억제하는지, 아니면 히스톤 꼬리와 결합해야만 그런지는 여전히 미스터리이다.

3. 복잡한 히스톤 코드(히스톤 꼬리에 붙은 화학 꼬리표에 기록됨)가 유전자 발현을 조절한다. 아세틸기 꼬리표는 보통 근처 유전자의 발현을 높이는 반면, 아세틸기 제거 효소는 근처 유전자의 발현을 억제한다.

활성 전위유전자

5. 도약 유전자로도 불리는 전위유전자가 게놈에 유입되어 스스로 복제한 다음, 그 복사체가 멀리 떨어진 게놈의 일부로 들어가 유전자를 비활성화하거나 과잉 활성화한다. DNA 메틸레이션의 한 가지 주요 기능은 인간의 게놈 중 거의 반에 이르는 전위유전자를 억제하는 것이다.

멀리 있는 염색체

DNA 복사체

메틸기에 의해 억제된 전위유전자

RNA 전사체

비활성 유전자

과잉 활성 유전자

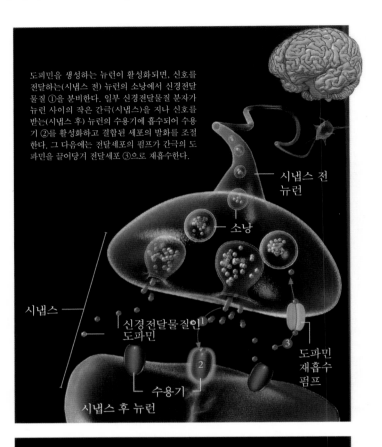

도파민을 생성하는 뉴런이 활성화되면, 신호를 전달하는(시냅스 전) 뉴런의 소낭에서 신경전달물질 ①을 분비한다. 일부 신경전달물질 분자가 뉴런 사이의 작은 간극(시냅스)을 지나 신호를 받는(시냅스 후) 뉴런의 수용기에 흡수되어 수용기 ②를 활성화하고 결합된 세포의 발화를 조절한다. 그 다음에는 전달세포의 펌프가 간극의 도파민을 끌어당겨 전달세포 ③으로 재흡수한다.

시냅스 전
뉴런

소낭

시냅스

신경전달물질인
도파민

수용기

시냅스 후 뉴런

도파민
재흡수
펌프

메틸페니데이트(가령, 리탈린과 콘서타)와 같은 약물은 도파민 재흡수를 막는다. 그로 인해 시냅스 후 뉴런에 흡수될 수 있는 도파민이 더 많아져 시냅스 전 뉴런에서 나온 신호의 강도가 커진다.

펌프 원리에 의해 아데랄과 기타 암페타민이 시냅스 전 뉴런으로 들어가고 도파민이 시냅스 간극으로 가기 때문에, 이용 가능한 신경전달물질의 양이 증가되어 시냅스 후 세포에 영향을 주게 된다.

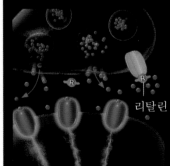

리탈린

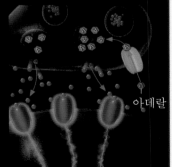

아데랄

뇌강화제의 작용방식

메틸페니데이트나 암페타민과 같이 일부 유명한 강화제는 시냅스(뉴런 사이의 연결부위)에서 신경전달물질인 도파민의 활동을 조절한다. 강화된 도파민 신호는 과제에 대한 주의집중과 관심을 높여 학습을 향상시킬 수 있다.

기억 코드: 기억의 장소

해마의 CA1 부위는 사건이나 장소에 대한 기억형성에 중요하다. 그 과정에 대한 통찰을 얻기 위해, 연구자들은 쥐의 뇌에서 CA1 부위에 있는 200개 이상의 뉴런활동을 동시에 기록하는 방법을 개발하였다.

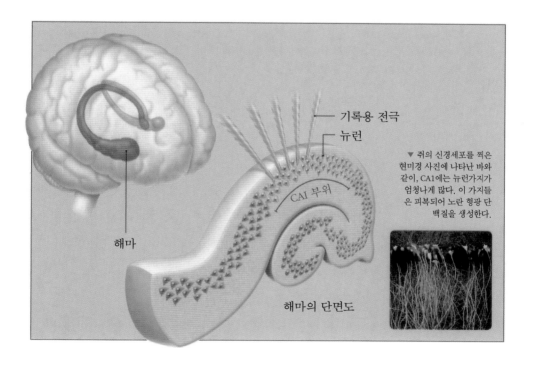

기록용 전극

뉴런

CA1 부위

해마

▼ 쥐의 신경세포를 찍은 현미경 사진에 나타난 바와 같이, CA1에는 뉴런가지가 엄청나게 많다. 이 가지들은 피복되어 노란 형광 단백질을 생성한다.

해마의 단면도

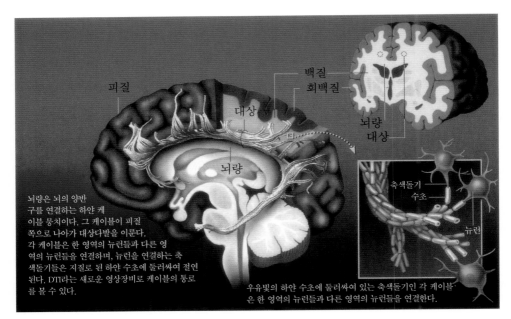

뇌량은 뇌의 양반
구를 연결하는 하얀 케
이블 뭉치이다. 그 케이블이 피질
쪽으로 나아가 대상다발을 이룬다.
각 케이블은 한 영역의 뉴런들과 다른 영
역의 뉴런들을 연결하며, 뉴런을 연결하는 축
색돌기들은 지질로 된 하얀 수초에 둘러싸여 절연
된다. DTI라는 새로운 영상장비로 케이블의 통로
를 볼 수 있다.

피질

대상

뇌량

백질
회백질

뇌량
대상

축색돌기
수초

뉴런

우유빛의 하얀 수초에 둘러싸여 있는 축색돌기인 각 케이블
은 한 영역의 뉴런들과 다른 영역의 뉴런들을 연결한다.

백질

백질은 국가 전체의 전화를 연결하는 중계선처럼, 뇌의 여러 부위에 있는 뇌세포를 서로 연결하는 수백만 개의 하얀 케이블로, 뇌의 절반 정도에 해당된다.

미래의 응용

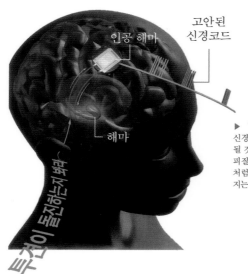

고안된
신경코드

인공 해마

해마

◀ 뇌가 단어나 문장과 같은 고차적 정보의 표상에 활용하는 코드를 풀려 할 때, 기억문제가 있는 이들을 돕기 위해 개발 중인 보철술 즉, 인공해마를 활용할 수 있을 것이다. "투견이 돌진하는지 봐라."와 같은 말이 신경코드로 번역되어 컴퓨터에 저장될 수 있다.

▶ "투견이 돌진하는지 봐라."에 해당하는 신경코드는 이식된 전극에 유무선으로 전달될 것이다. 그로 인해 정보가 해마에 들어가 피질의 어딘가에 저장될 수 있다. 하지만 그처럼 공학적인 기억통로가 어떻게 작동하는지는 아직 알려지지 않았다.

전극 배열

투견이 돌진하는지 봐라

인공 해마

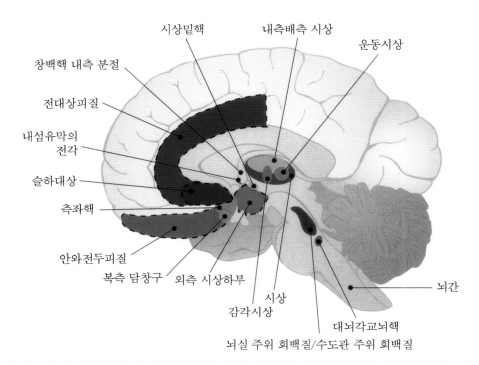

시상밑핵　　내측배측 시상　　운동시상

창백핵 내측 분절

전대상피질

내섬유막의
　　　전각

슬하대상

측좌핵

안와전두피질

복측 담창구　　외측 시상하부

감각시상　　시상

뇌간

대뇌각교뇌핵

뇌실 주위 회백질/수도관 주위 회백질

장 애	확실한 위치	유력한 위치	잠재적 위치
파킨슨병	운동시상 창백핵 내측 분절 시상밑핵 대뇌각교뇌핵		
근육긴장이상	창백핵 내측 분절		
본태성 진전	운동시상		
우울증		슬하대상 측좌핵	안와전두피질 전대상피질 복측 담창구 내측배측 시상
통증	뇌실 주위 회백질/ 수도관 주위 회백질 감각시상		안와전두피질 전측 전대상피질
강박장애	내섬유막의 전각		
군발성 두통	외측 시상하부		
최소 의식상태			시상

뇌신경조정기로 회복 촉진하기

뇌심부자극술로 환자를 치료하려는 신경외과의사들이 맨 먼저 직면하는 난제는 전극배치 부위를 찾는 일이다. 그 이유는 그간 이런 연구들 대부분이 동물실험을 통해 이루어졌기 때문이다. 다행히도 다양한 장애가 있는 사람들을 촬영한 비침습적인 뇌스캔 덕분에 어느 뇌영역이 문제행동 및 감각조절과 관련되는지에 대한 단서를 찾게 되었다.

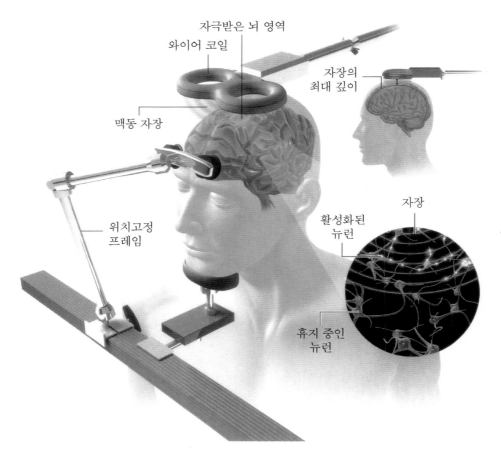

자극받은 뇌 영역

와이어 코일

자장의
최대 깊이

맥동 자장

위치고정
프레임

자장

활성화된
뉴런

휴지 중인
뉴런

표적 자기뇌자극

경두개자기자극_{transcranial magnetic stimulation: TMS}은 일부 우울증 치료에 효과적이다. 이는 피험자의 두피 근처에서 코일을 통해 강력하고 급변하는 자장을 안전하고 통증 없이 피부와 뼈에 보내는 방법이다. 백만분의 1초 지속되는 짧은 펄스에는 에너지가 거의 없지만, 정확히 표적된 장에서는 근처 뉴런에 전류를 일으켜 해당 뇌영역이 활성화된다. 거리가 멀어지면 자장의 강도가 급격히 떨어지기 때문에, 바깥 피질의 몇 센티미터 정도만 투과된다. TMS의 주요 이점은 몸에 전기를 직접 연결할 필요가 없고 통증이 없으며 부작용도 거의 없다는 점이다.

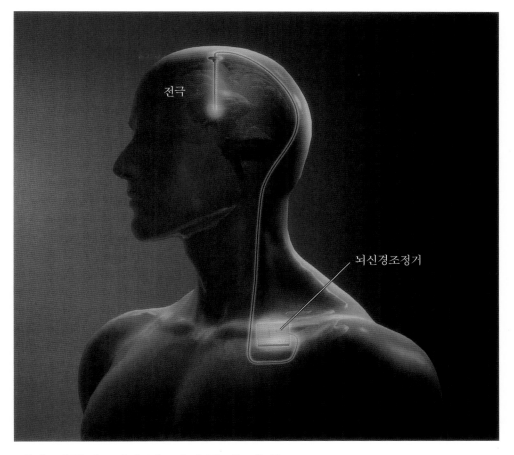

전극

뇌신경조정기

광유전학을 이용한 뇌자극의 미래

언젠가는 빛과 유전공학을 결합하는 신생 분야인 광유전학이 파킨슨 치료법으로 활용 중인 뇌심부자극술을 대신하게 될 것이다. 광유전학에서는 문제있는 영역에 전달된 단백질이 빛의 자극을 받음으로써 뉴런의 활동이 활성화되어 해당영역이 치료될 것이다. 뇌심부자극술은 위의 그림에 제시된 것처럼 동작을 조절하는 뇌영역을 '뇌신경조정기'와 해당 영역에 삽입된 전극으로 자극하여 파킨슨병의 떨림 등을 야기하는 신경신호를 차단한다. 광유전학을 통한 자극에서는 뇌심부자극술에 이용된 전극보다 훨씬 더 정확하게 문제세포를 추적할 것이다. 그러나 해당 세포에서 빛에 민감한 단백질을 만들려면, 안전우려로 인해 현재 금지하고 있는 광유전자 치료를 환자들이 받아야 할 것이다.

인공망막

광수용세포가 손상된 수십 명이 안경에 부착한 작은 카메라, 벨트에 감싼 영상처리장치, 망막에 이식한 전극으로 구성된 장비로 교정받고 있다. 영상을 명암패턴으로 전환하여 전극에 송신하면, 전극에서는 광신경을 통해 그 신호를 뇌로 보낸다. 그 다음에는 뇌에서 명암이 있는 영상을 구성하여 사물을 보게 된다.

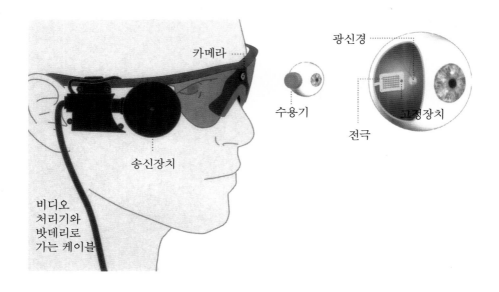

카메라
광신경
수용기
송신장치
전극
고정장치
비디오
처리기와
밧데리로
가는 케이블

척수의 반응성

척수치료는 중요한 연구목표이다. 미국의 척수손상 환자는 200,000명 이상인데, 손상 직후의 급성 환자 치료가 늘어나 그 수가 증가한 것으로 보인다. 과학자들은 헛된 희망을 주는 것을 달가워하지 않지만, 어쨌든 연구는 진행 중이다. 절단된 척수의 일부 신경세포에서 새로운 가지가 뻗어 나왔고, 인공이식과 뇌자극이 일부의 기능회복에 기여할 것이다.

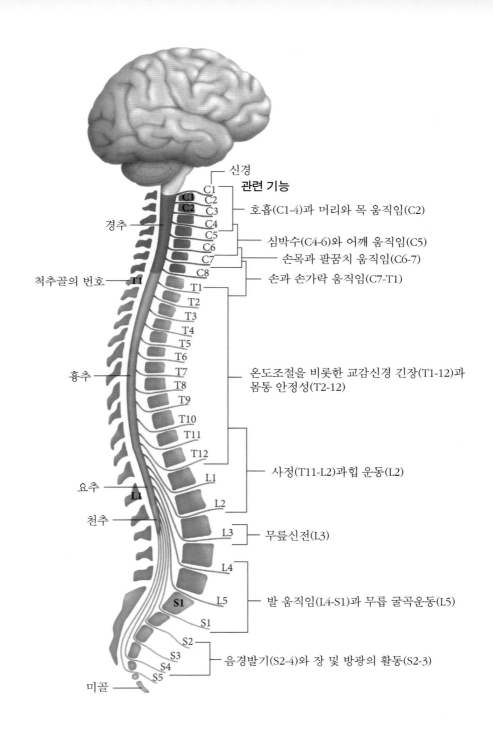

신경

관련 기능

C1
C2
C3 ── 호흡(C1-4)과 머리와 목 움직임(C2)
C4
C5 ── 심박수(C4-6)와 어깨 움직임(C5)
C6
C7 ── 손목과 팔꿈치 움직임(C6-7)
C8 ── 손과 손가락 움직임(C7-T1)

경추

척추골의 번호

T1
T2
T3
T4
T5
T6
T7 ── 온도조절을 비롯한 교감신경 긴장(T1-12)과
T8 　　　몸통 안정성(T2-12)
T9
T10
T11
T12

흉추

L1
L2 ── 사정(T11-L2)과 힙 운동(L2)

요추

L3 ── 무릎신전(L3)

천추

L4
L5 ── 발 움직임(L4-S1)과 무릎 굴곡운동(L5)
S1
S2
S3 ── 음경발기(S2-4)와 장 및 방광의 활동(S2-3)
S4
S5

미골

세포의 운명

난자가 수정된 지 1주일도 안 되어, 발달중인 배아에는 이미 약
100~150개의 세포가 존재하며, 그 당시 배아는 외세포괴(후에 태반
이 됨)와 내세포괴(후에 태아가 됨)로 구성된 포배낭이라
는 텅빈 공모양이다. 자궁 안에서 이 세포들이
분열을 거듭하고 3주 무렵에는 분화
가 시작된다. 그 다음 낭배라는
배아에 세 개의 독특한 배엽
이 생기는데, 이들 내배엽,
중배엽, 외배엽이 결국
수백 가지 다양한 조
직을 형성한다.

수정란
(1일)

포배낭
(5~6일)

외세포괴

내세포괴

3개의 배엽과
배엽의
일부 조직

낭배
(14~16일)

내배엽
이자
간
갑상선
폐
방광
요도

중배엽
골수
골격근, 평활근, 심근
심장과 혈관
신세관

외배엽
피부
뉴런
뇌하수체
눈
귀

성장하는 배아줄기세포

과학자들은 배아줄기세포주를 만들기 위해, 실
험실에서 만든 포배낭(때로는 인공수정 시도에
서 남은)에서 내세포괴를 제거한다. 바탕영양세
포가 있는 접시(내세포괴가 곧 부착할)에 내세
포괴를 둔다. 몇 일 지나면, 내세포괴에서 새로
운 세포가 자라나 군체를 이룬다. 이 세포들에
어떤 분자표지가 나타나고 세포분열을 몇 번 거
친 후에 소위 안정된 불멸의 세포주를 이루면
정식으로 배아줄기세포라 한다.

배아줄기세포의 발생과 운명

논쟁의 여지는 있지만, 배아줄기세포는 소중한 줄기세포의 근원으로 증명되었다. 아주 초기 단계
배아(결국 우리 온 몸으로 발달해갈)의 일부에서 배아줄기세포를 추출한다. 배아줄기세포는 이
런 원시단계에 만들어지기 때문에 몸에 있는 어느 세포든 형성할 수 '만능세포' 이다.

● 독일에 있는 본대학교의 연구자들은 DTI 스캔을 통해 새로운 경험을 추구하는 사람일수록, 해마와 편도체(의사결정 및 정서와 관련된 뇌영역)에서 복측 선조체와 중앙 선조체(정서와 보상 관련 정보를 처리하는 뇌영역)에 이르는 연결이 강하다는 사실을 발견했다. 과학자들은 사회적 인정에 크게 의존하는 피험자들이 보통 사람에 비해 선조체와 고차적 의사결정을 담당하는 전전두피질의 연결이 더 강하다는 사실도 발견했다.

● 자폐아를 연구하던 연구자들은 뇌의 경계센터인 편도체의 크기와 행동 사이에 상관이 있음을 발견했다. 자폐증이 있는 2살짜리 영아와 4살짜리 유아는 편도체가 더 컸다.

위의 예는 과학자들이 뇌에 확인 가능한 이상(異常)이 있는지를 탐색 중인 많은 뇌들 중 극히 일부에 불과하다. 하지만 과학자들에게는 여전히 난제가 남아 있다. 그 이유는 과학자들이 언젠가는 빛을 발할 정보를 모으고 있지만, 지금 당장 이런 연구결과가 무엇을 의미하는지는 잘 모르기 때문이다.

중요한 백질 스캔

새로운 종류의 강력한 MRI로는 뇌의 50%를 이루는 백질 또는 수초(신경과학자인 R. Douglas Fields가 새로 출판한 〈다른 뇌The other brain〉라는 책 제목에 반영한 것)의 중요성을 확인하고 있다.

우리가 우리 뇌를 '회백질'로 부르곤 하지만, 우리 뇌의 거의 반은 백질이며 인간은 다른 동물에 비해 백질부위가 더 많은 편이다(예를 들어, 쥐의 뇌에는 백질이 10%에 불과하다). 미국 국립보건원National Institute of Health의 신경계 발달과 가소성 분과의 책임자이며 과학저널인 〈뉴런교세포 생물학Neuron Glia Biology〉의 창립 편집장인 Fields는 "실제로 피질을 이루는 얇은 회백질은 소위 고차적 처리에 관여하지만, 우리 뇌의 나머지 부위 역시 바쁩니다."라고 말한다. 즉, 나머지 뇌 또한 바쁘게 움직인다는 말이다.

Fields는 뇌발달 과정을 연구하다가 뇌가소성과 기억력을 연구한 다음, 후성유전학으로 나아갔으며, 마침내 교세포와 그 활동을 연구하기에 이르렀다. 이를 바탕으로 그는 우리가 뇌에 대해 얼마나 모르고 있는지를 깨닫게 되었다.

Fields의 말을 직접 들어보자.

"뇌에 대한 우리의 지식을 분자생물학에 대한 Darwin의 지식에 비유할 수 있습니다. 어마어마한 새로운 장비들이 존재하지만, 뇌 관련 지식은 여전히 너무너무 기초적인 수준에 불과합니다. 신경과학의 지식기반은 백 년 동안 변하지 않았습니다. 그 기반은 모두 시냅스 위주라서, 모든 정신질환 치료법이 신경전달물질 조절 위주입니다. 시냅스는 뇌에서 겨우 25나노미터를 차지합니다. 너무 작아서 전자 현미경으로나 겨우 보일 정도입니다. 시냅스 연구는 마치 트랜지스터(뇌의 기본적인 변화 단위 또는 정보전환 단위) 연구와 같은데, 시냅스에는 트랜지스터를 닮은 집적회로가 있습니다. 우리는 뇌가 부위별로 어떻게 작용하는지가 아니라, 어떻게 협력하는지를 연구할 필요가 있습니다."

오랫동안 신경과학자들은 백질이 단순한 절연체일 뿐이라고 오해해 왔다. 물론 절연체이긴 하지만, 이제 우리는 그 이상이라는 사실을 알고 있다. 정확히 말하자면, 백질은 회로의 뇌세포를 연결하는 수백만 개의 축색돌기로 구성된 부위이다. 수초는 축색돌기의 절연을 위해 전기피복선처럼 축색돌기를 둘러싼 막이며, 뇌에서 멀리 떨어진 뉴런 사이의 정보를 전달하는 '데이터라인'이다. Fields는 "수초에는 지방이 많아 백색으로 보인다."고 말한다.

백질은 서로 다른 여러 뇌영역을 연결하는 접착제로 밝혀졌으며, 뇌세포 간의 교류에 결정적인 역할을 한다. 특히 사고, 감각 및 운동 관련

영역을 지나는 경로에서 임펄스가 얼마나 빠르고 효율적으로 이동할지에 결정적인 영향을 준다.

좀 더 새로운 영상기술인 DTI는 뇌건강에서 백질의 중요한 역할을 확인해준다. 기능장애가 있거나 손상된 백질은 다발성경화증, 알츠하이머 질환, 간질 및 정신질환과 관련된다.

Fields에 따르면, 몇몇 종류의 교세포가 백질을 이루며 이제야 겨우 탐색하기 시작한 뇌의 많은 비밀을 쥐고 있다는 것이다. DTI 영상은 이 네트워크에 대한 새로운 통찰을 주어 뇌활동에 관한 이해를 높일 것이다. 더 중요한 것은 그 덕분에 여러 뇌영역 간의 단절이 정신분열증, 자폐증 및 약물남용과 같은 정신질환을 유발하는 이유를 밝히게 될 것이라는 점이다. DTI 연구는 여전히 진행 중이다. 이는 신경섬유를 지나는 물분자의 확산을 측정하여 백질의 경로를 지도로 그리는데, 아직은 해석이 쉽지 않다.

반면에, Fields는 다음과 같이 말했다.

"우리는 우리의 뇌회로가 환경에 의해 형성되고 향상된다는 것을 알고 있습니다. 우리는 우리의 필요에 따라 뇌를 개발해갑니다."

환경에 따라 뇌가 어떻게 형성되는지를 우리가 잘 알 수 있다면, 뇌활동과 노화에 대해서도 잘 알게 될 것이다. 이에 대해 Fields는 다음과 같이 내다보았다.

"우리는 향후 10년간 더 많이 알 수 있겠지만, 우리의 뇌활동을 제대로 알려면 50년은 지나야 한다고 생각합니다."

뇌스캔의 한계

뇌스캔은 매우 유익하며 진단과 치료 분야에서 엄청난 진보를 약속한다. 이들 장비는 뇌질환이나 뇌손상 가능성이 있는 우리에게 큰 관심을 불러

일으킨다. 우리들 대부분에게는 아주 선명한 색상의 과학적 표현을 담은 정교한 영상이 바로 뇌활동 자체인 것처럼 보인다.

하지만 잠깐! 이 도구 역시 법과 상업 또는 서커스 공연에 이용될 수 있다. 뇌스캔 관련 뉴스에서는 MRI로 정서, 사고 및 성향을 규명하는 데 점점 더 역점을 두고 있다. 일부 연구자들은 fMRI를 통해 뇌가 거짓말하고 있는지, 흥분해있는지, 두려워하는지, 지루해하는지, 뇌사인지를 알 수 있고, 몇 가지 주요 정신기능의 위치를 대략적으로 파악할 수 있다고 말한다.

하지만 뇌기능을 각기 나누어 한 부위와 관련지을 만큼 간단하지는 않다. 일부에서는 그런 현상을 컴퓨터를 이용한 현대판 골상학 즉, 컴퓨터로 정말 멋진 영상을 제공하는 골상학이라고 말한다.

비판자들은 이들 영상에서 우리의 사고와 감정에 대해 보여주는 것이 종종 과장된다고 말한다. 한 예로, 우리는 당신의 어떤 뇌영역이 활성화될 때 당신이 정확히 어떻게 생각하고 느끼며 반응하는지를 잘 모른다. 물론, 우리는 당신이 한 말이 뇌에서 나오고 있음을 알고, 편도체와 같은 일부 뇌영역은 아주 특이해서 이를 흥분시키는 것이 무엇이든 공포와 밀접한 강한 정서라고 추측할 수 있다. 물론 그렇지 않을 때도 있는데, 그게 바로 문제이다.

이들 영상이 실제로 무엇을 의미하는지에 대한 정보부족뿐만 아니라, 뇌스캔 자료의 분석방법 때문에 문제가 발생한다. 원제가 〈사회적 신경과학의 부두상관voodoo correlation〉(출판 시 제목은 〈정서, 인성, 사회인지에 관한 fMRI 연구의 엄청나게 높은 상관관계〉)이라는 논문에서, Edward Vul과 동료 연구자들은 fMRI 연구를 상당히 적확하게 비판했다. 이는 대부분의 fMRI 연구에서 연구결과를 분석하고 결론(특히 인성과 행동에 대한)에 이르는 방식에 문제가 있기 때문이다. Edward Vul과 동료 연구자들은 다음과 같이 결론지었다.

"정서, 인성, 사회인지에 관한 fMRI 연구에서 몹시 눈에 띄는 점

은 문제가 심각한 연구방법을 사용하고 있고 믿어서는 안 되는
것들을 제시하고 있다는 점입니다."

5가지 뇌스캔 문제

〈회의론적 잡지Skeptic Magazine〉(www.skeptic.com)의 발행인인 Michael
Shermer는 Edward Vul의 견해에 동의한다. 뇌스캔과 정서에 대해 〈사
이언티픽 아메리칸 마인드〉에 기고한 글에서 그는 실제로 fMRI가 보여
줄 수 있는 것과 보여줄 수 없는 것, 그리고 fMRI가 다소 의심스러운 결
론 도출에 남용되기가 딱 좋은 장비인 이유를 밝혔다.

문제 #1. 선택과 환경에 의해 연구가 왜곡된다

fMRI 연구에 선택편향이 있다는 것은 확실하다. 즉, 피험자를 완벽하게
무선으로 선정할 수 없는데, 이는 많은 사람들이 뇌를 스캔하는 긴 시간
동안 좁은 통 속에 들어가 있기가 어렵기 때문이다. 실험 자원자 중 약
20%가 뇌스캔 촬영을 포기했다. 사실, Shermer도 fMRI를 찍겠다고 자원
했지만, 폐쇄 공포증이 있어서 실험을 시작하기도 전에 뛰쳐 나와야 했
다. 따라서 연구에서 뇌를 무선으로 표집했다고 말할 수 없다.

　우리는 쇼핑하는 피험자의 뇌를 스캔했다는 항간의 이야기를 듣고,
그들이 머리덮개를 한 채 월마트를 돌아다니지 않았다는 사실을 짐작할
것이다. 즉, 실제로 쇼핑한 것과는 거리가 멀다. 오히려 그들은 머리를
단단히 고정한 채 좁은 통 속에 갇혀 영상을 보고 선택하며 정서를 체험
하면서 요란한 소리를 듣고 있을 뿐이다(즉, 이런 상황에서 피험자는 학
습된 성행위의 논리를 상상할 뿐이다. 다시 생각해보니, 관두자).

문제 #2. 스캔은 직접적인 뇌활동을 측정하지 않는다

fMRI 연구에 관한 항간의 이야기에서는 우리가 돈, 섹스, 신을 생각하거
나 쇼핑몰에서 무엇을 살지 고민할 때 뇌의 특정 부위가 얼마나 '활성화

되는지' 를 설명하곤 한다. Shermer는 실제로 〈사이언티픽 아메리칸〉의 저자들이 이런 과잉 단순화를 반복한 것에 대해 죄책감을 느껴왔다고 말했다.

하지만 fMRI 영상은 정신활동 자체를 보여주는 것이 아니다. 이는 산화혈액의 흐름을 간접적으로 측정한 다음, 그 정보와 그 당시 우리가 행하거나 생각한 것의 상관을 도출해 만든 영상인데, 사실 어떤 행위나 사고가 혈류반응으로 나타나기까지는 시간이 걸린다. 그래서 인과관계가 있다고 말하거나 이러한 혈액증가를 특정 활동과 관련짓는 것은 과장이라 할 수 있다.

문제 #3. 예쁜 색깔은 가짜이다

사실 영역들을 명확하게 구분하여 선명한 색깔로 화려하게 칠한 뇌영상과 같은 뇌연구를 뒷받침하는 것은 아무것도 없다. Shermer는 이로 인해 큰 오해를 하게 되는데, 이유인즉 실제로는 신경활동이 네트워크 전반에 분산될 때마저도 일부 처리 영역만을 제시하기 때문이라고 말한다.

과학자들은 특정 뇌영역의 혈류와 산소수준 변화가 더 강한 신경활동의 표시라는 데에는 기본적으로 동의한다. 하지만, 뇌영역의 착색과정이 인위적이다 보니 훨씬 더 오해의 소지가 많은데, 이는 활동 수준의 차이가 작기 때문이다. 강조할 부분을 선택하는 것 역시 오해의 소지가 있다. Shermer는 갈등을 다루는 영역인 대상핵에 대해 언급한 한 연구자의 말을 인용했다.

"가령, 우리가 피험자에게 힐러리 클린턴의 사진을 보여줌으로써 피험자의 해당 부위가 반응하게 유도할 수 있습니다. 하지만 대상핵은 57가지 다른 기능도 담당합니다."

결국 과학자들은 대부분의 뇌활동이 자극에 의해 유도되는 게 아니라, 자발적으로 일어난다는 사실을 알았다. 우리는 왜 그렇게 많은 활동이 일어나는지와 어떤 일이 일어나는지를 모른다. 다시 말하면, 다양한 과제를 처리하는 동안에도 뇌의 많은 영역이 계속 활성화되고 그런 것들을 제대로 구분하는 것이야말로 세심한 실험설계가 요구되는 도전이다.

문제 #4. 뇌영상은 하나의 뇌가 아니라, 통계치를 바탕으로 한 것이다

'○○를 담당하는 당신의 뇌부위'라는 화살표가 있는 화려한 뇌스캔을 보더라도, 우리는 그 이미지가 보통 어느 한 사람의 뇌가 아님을 알아야 한다. 이는 그 연구에서 스캔한 모든 뇌에 대한 통계적 결과로, 일정 과제나 실험조건에서 일관적인 반응이 나타나는 곳을 강조하기 위해 인위적인 색깔로 표현한 것이다.

스캐너가 2초마다 뇌활동을 찍어 스캔회기 동안 수백 개에서 수천 개의 영상을 만들어낸다는 사실을 생각해봐라. 연구자들은 자료를 조정하고 머리의 움직임과 다양한 뇌의 미세한 차이를 교정하여 이를 이미지로 변환한다. 이어서 이미지들을 모두 늘어놓은 다음 이를 결합하여 실험에 참여한 피험자들의 평균을 구한다. 그들은 원 자료를 영상으로 변환한 다음, 추가적인 통계 소프트웨어를 이용하여 있음직한 다른 개입변인 (실제로 MRI를 이용해 측정한 혈류보다 뇌에서 더 빠른 신경활동을 야기하는 인지과제와 같은)에 대해 교정한다.

문제 #5. 한 영역이 활성화되는 데는 여러 가지 이유가 있다

Shermer는 이런 점에서 뇌스캔 활동에 대한 해석이 과학일 뿐만 아니라 예술이라고 본다. 실제로는 모든 종류의 과제와 관련된 영역이 활성화될 때에도 여러 영역 중 그 영역만 관찰하고 "이 영역은 ○○를 담당하는 영역입니다."라고 말하려 한다. 가령, 우리가 어려운 과제를 수행할 때에는 항상 우측 전전두피질이 활성화된다. 그래서 우리가 구체적인 무언가에 대해 깊이 생각할 때, 서로 교류 중인 몇몇 영역이 네트워크를 이루고 전전두피질 역시 관여한다. 물론 전전두피질은 하나의 특정 과제에 참여할 때에도 활성화된다. 이들 차이를 구분하려면 과제의 스펙트럼에 따른 상대적 비교가 요구된다.

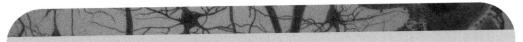

뭘 보고 있는지 아시나요?

과학자들은 우리가 뭘 보고 있는지를 알 수 있는 방법을 발견했다고 말한다. 버클리에 있는 캘리포니아대학교의 연구자들은 누군가가 본 것을 알아내기 위해 시각영역의 패턴을 해독하는 방법을 개발해왔다. 자원자들이 영상물을 보는 동안 fMRI로 자원자들의 시각피질 활동을 기록한 연구자들은, 여러 뇌영역의 활동을 모니터한 후에 해당 시각피질 영역에서 어떤 정보가 가장 많이 발견되는지를 해독하여 자원자가 어떤 영상을 보고 있는지를 추론했다. 그러나 이 방법은 그림, 소리, 움직임처럼 수학적으로 표상될 수 있는 정보에만 국한된다. 이 연구는 〈사이언티픽 아메리칸〉에 게재되었다 (Swaminathan, 2008).

fMRI는 대조적인 과제를 제시하여 신경과학자들에게 비교거리를 제공하는 의사결정 실험에서 아주 효과적이다. 하지만 대부분의 활동들은 그렇지 않다. 보통 공포반응 처리와 관련된 영역인 편도체는 각성이나 긍정적 정서에도 활성화된다. 따라서 편도체가 활성화될 때마다 우리가 공포를 경험하고 있다는 의미는 아니다. 모든 뇌영역은 아주 다양한 상태에서 활성화된다. 아직은 어떤 영역이 얼마나 선택적으로 활성화되는지를 알려줄 만한 자료가 없다.

이 분야와 우리 뇌의 미래

MRI 기술이 우리에게 너무 많은 영향을 주다 보니, 아직 그 기술이 참신한 장비라는 사실을 쉽게 잊곤 한다. 사실, 인간을 대상으로 처음 MRI를 사용한 것은 1974년이라서 현재로서는 채 20년도 안 되었는데 말이다.

기술이 놀라운 속도로 향상되고 있고, 현재는 소형 MRI를 개발 중이

3D를 통한 우리 몸과 뇌관찰

새로운 영상기술 덕분에 의사들이 우리 몸 안을 전례없이 비침습적으로 접근하여 더욱 안전하고 효과적인 치료와 수술이 가능해졌다.

요즘 과학자들은 기술을 통해 CT, MRI, PET 스캔 자료를 결합한 다음, 그 정보를 한 컴퓨터로 보내어 상세한 영상을 만들고 이를 스크린에 3차원 홀로그램으로 투사시킨다. 의사들은 특수한 3D 안경과 비디오 게임 제어장치로 피부 속 뼈를 지나 동맥과 혈관을 가상여행하면서 장기들 주변을 사방팔방으로 절묘하게 관찰할 수 있다.

그 덕분에 수술시 문제를 일으킬 만한 해부학적 장애를 발견할 수 있고, 미리 기술을 연습해보거나, 아니면 장기제거가 환자에게 어떤 영향을 줄지 알아보기 위해 수술을 시뮬레이션해볼 수도 있다. 이로 인해 방사선치료가 정밀해져 머지않아 외과의사들은 미리 표시해둔 영역에 바로 접근해 정확도가 높은 수술을 하게 될 것이다.

휴스턴에 있는 메서디스트병원의 방사선 종양과장이자 이 기술의 창시자인 E. Brian Butler는 "이렇게 될 경우 외과수술 계획이 완전히 새롭게 도약할 것입니다."라고 말했다. Butler는 플라톤의 '동굴의 비유'를 도입해 새 기술을 '플라톤의 동굴'이라고 불렀다. 이 이야기에서 동굴에 갇힌 사람은 벽의 그림자를 현실로 본다. 어느 날 그 사람이 밖으로 나와 외부세계와 확장된 현실을 목격한다. 이와 마찬가지로, Butler는 의학에 대한 그의 새로운 시각적 접근이 의사들과 환자들에게 완전히 새로운 장을 열어줄 것이라고 예측했다. 이는 이미 여러 과학이 협력한 또 다른 예이다. 즉, 이 기술로 컴퓨터과학과 공학이 생물학 및 해부학과 결합되었는데, 이런 파트너십은 발전하는 의학과 의학 연구에서 점점 일반화되고 있다.

다. 팔다리에 설치할 수 있는 스캐너는 이미 사용 중이며, 연구자들은 뇌졸중을 예측하거나 이를 조기 발견하기 위한 MRI 활용법을 연구 중이다. 그런 영상들을 통해 뇌기능 강화제가 언제 필요한지와 전기자극, 표적약물 또는 기타 방법으로 이를 어디에 보낼지를 파악하게 될 것이다.

초소형 MRI를 개발하기 위한 다른 기술도 연구 중이다. 그 다음에는 사고현장(그리고 안전 검문소)에서 뇌를 읽는 포켓용 기계를 연구할 것으로 예측된다.

불현듯 1960년대에 방영되었던 독창성 넘치는 TV 연속극인 〈스타트렉Star Trek〉의 Leonard "Bones" McKoy 박사가 사용한 의료장치가 전혀 황당해 보이지 않는다. 2260년대의 미래 상황을 배경으로 한 그 연속극에서 McKoy는 과거의 기억을 스캔하여 기록하는 휴대용 의료 컴퓨터psychotricorder를 사용했다. 그 밖에도 스타트렉에는 범죄행위와 관련된 생각을 없애는 '신경중화제neural neutralizer', 고통 수준을 신경활동 지표로 측정하는 'K-3 장치', 신원확인을 위해 개인 고유의 신경활동을 지도로 그리는 진단도구인 '뇌회로 패턴'이 등장한다. 이들 중 일부는 틀림없이 200년도 안 되어 현실화될 것이다.

다른 방법으로는 우리 뇌의 내부를 보여줄 것이다. 우리에게는 이미 목에 삼키면 소화계를 다니며 해당 영역의 영상을 보여주는 알약 크기의 카메라가 있다. 어떤 이들은 뇌에서 그와 유사한 도구를 만드는 것은 규모와 기술의 문제일 뿐이라고 말한다.

법 전문가들은 가까운 미래에 이들 기술을 활용할 경우, 교실, 법원, 심지어 침대 등 모든 곳에 뇌스캔을 도입할 수 있을 것이라고 본다.

잠재적 용도 중 일부는 흥미진진하고 새로운 법률소송과 법제정 문제를 야기할 것이다. 영아의 뇌부터 대학생의 뇌에 가장 적합한 교육방법이나 교구를 선택하고 다른 진로에 비해 가능성 높은 진로를 선택하기 위해 이들의 뇌를 영상으로 촬영할 것이다. 아니면 대학에 갈 만한지, 어떤 보험에 적합한지, 또는 감옥에 더 적합한지를 알아보는 등 문제를 야기할 수 있는 방식으로 활용될 수도 있다('신경윤리학', 155페이지 참고).

정치계나 산업계의 요원들은 사람들이 정치 후보자로 누구(민주당원 또는 공화당원)를 선택하고 소다수로 어느 것(코카콜라 혹은 펩시)을 선택할지 알아보려고 뇌스캔에 접근할 것이다. 보험업자, 고용주, 보안회사, 이혼전문 변호사, 결혼정보회사들은 성실성, 해당 업무에 대한 적합성, 심지어 미국방식의 고수 여부를 판단하기 위해 소위 마음을 읽는 기술을 사용할 수도 있다. 즉, Big Brother(조지 오웰의 〈1984〉에 등장한 용어로 정보를 독점하여 사회를 통제하는 권력을 일컬음)가 너무 깊이 관여한다. 군대나 정보기관에서는 우리가 무엇을 생각하고 있는지 알기 위해 엄청난 상금을 걸고 있고, 미국 방위고등연구계획국에서는 전장에서 컴퓨터를 이용한 텔레파시로 군인들이 의사소통할 수 있는 기술을 연구하고 설계하기 위해 몇 백만 달러를 투자했다. 목적은 말이 입 밖으로 나와 그 말이 전달되기(또는 엿듣기) 전에 뇌에 존재하는 신경신호를 분석하려는 것이다.

하지만 이렇게 매력적인 기계들의 주요 용도는 여전히 진단과 치료일 것이다. 그 장비들은 우리 뇌의 치료와 건강유지를 돕는 소중한 장비이고, 앞으로도 계속 그럴 것이다.

6장

뇌회로망의 재구성

개 요

우리는 로마시대 황제인 Claudius의 궁정의사가 대전된 전기가오리로 두통을 완화시켰다고 보고한 A.D. 43년부터 전기로 우리 뇌를 바꿀 수 있음을 알고 있었다. 그 후 수세기가 지나면서, 과학자들은 뇌가 실제로 전기기관이고 뉴런의 한 가지 교류방식은 전기 임펄스를 통해 이루어진다는 사실을 확인하기에 이르렀다. 하지만 지금까지도 공상과학에서만 그 지식을 어떻게 기술과 결합하여 일부 고통스러운 신경질환을 치료할지 상상해왔을 뿐이다.

과거: 뇌는 전기를 이용하고 전류에 의해 변화될 수 있다. 대개 전기충격치료를 뇌 전체에 하다 보니 기억과 사고에 문제가 생길 수 있다.

현재: 특정 뇌영역에 통증을 느끼지 않을 정도의 미세한 전하와 자하를 보내는 표적기술은 운동장애와 우울증에 효과적인 치료법이며, 기타 뇌 관련 질환의 치료법으로도 큰 관심을 받고 있다.

미래: 전기충격으로 뇌질환을 치료하거나 해당 지점에 전기충격을 가하여 창의성을 활성화하고 뇌세포 생성을 자극하며 뇌졸중으로 인한 손상을 치료한다.

전기충격치료의 역사

전기적인 뇌에 대한 초기의 어렴풋한 이해에서 오늘날의 성공적인 뇌자극 치료가 나오기까지는 그야말로 말 많고 골치 아픈 긴 여정이 있었다.

옛날 과학자들은 전기에 매료되었고, 수백 년 동안 여러 가지 뇌질환을 치료할 때 전하를 활용했다. 그 중 몇 가지 방법은 열렬한 환영을 받았다. 거의 한 세기 동안 우리는 두피의 전기활동을 측정하는 뇌전도를 통해 두개골을 열지 않고도 뇌의 임펄스를 탐지할 수 있었다. 지금까지도 뇌전도는 여전히 간질 진단도구로 사용되고 있다.

하지만 전기적인 뇌에 무모한 실험을 하게 되면서, 이 방법은 반감을 사게 되었다. 특히 스위스의 생리학자인 Walter Rudolf Hess가 고양이의 뇌영역에 전기자극을 가해 고양이의 격노, 허기, 졸음 등을 자극할 수 있다고 주장한 지난 세기에는 더욱 그랬다. 그 후 1930년대 무렵에는 전기쇼크가 등장했고, 이는 1949년을 지나 1950년대를 거치면서 많은 논란이 있었지만 어떤 정신장애에나 인기 있는 치료법으로 여겨졌다.

1950년대에는 신경외과 분야의 선구자들이 전기자극술을 정교화하여 만성통증, 우울증, 운동장애 환자들의 뇌에 미세전류를 흘려 보내기 시작했다. 하지만 기술이 그에 부응하지 못했다. 그 당시에는 배터리가

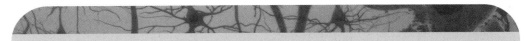

충격적인 전기충격치료의 역사

전기충격(전기경련치료라고도 함)은 뇌의 교류문제를 막기 위해 외부에서 전기충격으로 잠시 발작을 일으키는 방법이다. 이로 인해 뇌의 화학적 상태가 변화되어 정신분열, 심각한 우울증 및 기타 정신질환 증세가 완화된다. 아직까지도 이 방법은 다른 방법으로 별 효과가 없는 심각한 우울증과 조울증에 효과적인 치료법으로 여겨지고 있다. 이를 테면, 소설가이자 시나리오 작가이며 배우인 Carrie Fisher야말로 그 방법의 탁월한 수혜자이다. 그럼에도 불구하고, 그 방법은 더 정밀한 최신기술에 비해 아주 조잡하다.

과거의 전기충격치료는 고전하를 이용해 영구적인 기억손실과 죽음까지 야기하는 일부 치료의 야만성과 전기충격치료 자체를 아주 잔인하게 여기는 대중의 인식 때문에 논란이 많았다. 〈뻐꾸기 둥지 위로 날아간 새One Flew over the Cuckoo's Nest〉와 같은 대중서와 영화에서는 이런 치료법을 난동피우는 정신질환자를 잡는 방법으로 묘사했다. 많은 이들은 이 방법이 전두엽을 외과적으로 파괴하는 전두엽절제술(정신질환자들에게 인기 있는 또 다른 강력한 치료법으로, 여담이지만 1949년에 노벨상을 받았다)과 관련된다고 생각한다.

하지만, 일부에서는 여전히 이 방법이 극심한 우울증이나 심각한 정신질환을 완화시키는 유일한 희망으로 여겨지고 있으며, 통제된 상황에서 활용되고 있다.

너무 커서 이식이 어렵고 장치를 다루기가 힘들며 효과도 제각각이었다.

1970년대에 신경과학자 José Delgados가 동물(그리고 몇몇 인간에게도)에게 무선전극을 심은 후 버튼을 눌러 피험자의 행동을 통제할 수 있다고 주장한 후로 논란이 더욱 거세졌다. 그는 포켓용 스위치를 눌러 황소의 뇌전극에 전기충격을 보냄으로써 돌격하는 황소를 멈추게 하는 극적 실험으로 자신의 기술을 입증했다.

많은 이들은 뇌를 통제한다는 생각에 불길한 예감이 들었다. 더욱이 뇌전극으로 동성애자의 성적 성향을 바꾸려 했던 터무니없는 일부 실험과 도심지역에서 폭동을 일으키는 흑인들에게 뇌자극이나 외과수술을 사용하자는 일부 과학자들의 제안은 이들의 감정을 더 악화시켰다.

이처럼 전기충격이나 전두엽절제술에 대한 나쁜 감정으로 인해, 뇌를 외과적·전기적으로 손댄다는 것은 사람들의 눈 밖에 나게 되었다. 1980년대 무렵에는 뇌자극 연구가 윤리적 논란과 자금문제에 휘말렸고, 많은 연구자들은 뇌질환 치료를 위해 뇌자극이나 외과수술보다 훨씬 더 안전하고 효과적인 정신약리학에 의존하게 되었다.

자석이식을 통한 뇌연구

많은 뇌질환 치료제의 부작용과 한계를 점차 인식하게 되면서, 최근에는 다시 뇌자극이 뜨거운 관심을 끌고 있다. 컴퓨터, 전극, 마이크로 전자공학, 뇌영상 기술이 크게 진보되고, 관련 장치와 그 배터리가 소형화되면서 이식연구 역시 발전했다.

오늘날의 인간 대상 연구는 선구적인 과거의 거친 실험들과 달리 엄격히 통제되고 있고, 연구자들은 통증 없이 뇌를 효과적으로 바꾸는 몇 가지 전기활용법을 제안하고 있다.

요즘에는 뇌에 전류를 가하는 훨씬 더 진보된 기술이 움직임 관련 신경질환 치료에 도입되는 추세이고, 연구자들은 그 방법으로 더 많은 것을 얻으려고 모색 중이다. 뇌심부자극술DBS은 심각한 우울증, 만성통증, 강박장애, ADHD, 시력문제, 뚜렛 증후군 등의 많은 정신질환에 유력한 가능성을 보여주었고, 거식증이나 비만 등 뇌 관련 질환의 치료법으로도 시도되었다.

뇌신경조정기를 살펴보자. 뇌신경조정기의 작동과정이 담긴 짧은 비디오를 보면, 이는 우리가 언젠가 보게 될 몹시 매혹적인 현실 TV이다. 비디오에는 50대 중반으로 파킨슨병이 있고 정중하며 조리 있게 말하는 남자가 카메라 앞에서 자신이 장착한 의료장비에 대해 잠깐 설명하는 모습이 나온다. 그는 리모컨처럼 생긴 것을 손에 쥐고 있다.

그는 "이제 나를 끌 거야."라고 온화하게 말한다. 그가 리모콘에 있는 버튼을 누르자 삑 소리가 나고 그의 오른팔이 흔들리다가 심하게 퍼덕인다. 이는 마치 생물학적 허리케인이 그를 삼키는 듯하다. 그 남자는 장애가 있는 자신의 오른팔을 어렵사리 왼손으로 천천히 꼭 움켜쥐고, 마치 화가 난 아이의 기분을 가라앉히듯이 소동을 진정시킨다. 그는 힘겹게 숨을 내쉬는데, 이는 그가 이 상태를 더 버티기가 어려운 게 분명하다. 그는 거의 필사적으로 제어장치까지 손을 뻗어 다시 버튼을 누른다. 부드럽게 삑 소리가 난 다음, 갑자기 꺼진다. 이제 그는 괜찮아 보인다.

비디오 속의 그 남자는 전극이식과 뇌심부자극술의 혜택을 받은 수만 명 중 한 사람이다. 그는 옥스포드대학교와 다른 연구센터에서 주요 직책을 맡고 있고 이전의 뇌신경조정기 설명서를 쓴 신경과학자 Morton L. Kringelbach와 Tipu Z. Aziz의 환자이다. 이 두 학자들은 놀라운 뇌신경조정기 분야의 선구자들이다.

1972년 무렵에는 이 '치료법'이 공상과학 영화인 〈실험인간The Terminal Man〉의 소재가 되었다. 그 영화에서는 외과의사가 간질환자의 뇌에 전극을 이식하고 이를 환자의 가슴에 있는 소형 컴퓨터와 연결하여 발작을 제어하는 장면이 등장한다. 그 당시에는 그런 치료로 믿을 만한 효과를 가져올 정도의 뇌해부학 지식이나 소형화 기술이 없었다.

미래에는 가능성이 훨씬 더 크다. 과학자들이 생각하기에 뇌회로의 해당 부위에 전기충격을 가해 새로운 뉴런의 성장을 자극하고 손상된 기억을 자극하며 알츠하이머 질환을 회복시킬 것이다. 가설적이지만, 전기를 투입해 도움 받을 수 없을 뇌 문제는 거의 없을 것 같다.

하지만, 이들 치료법은 대부분 여전히 실험적이며, 뇌졸중이나 치매로 손상된 뇌를 재구성한다는 점은 여전히 공상과학의 소재이다. 하지만 수천 명이 어떤 종류든 전기를 이용한 뇌치료를 받았거나 그들의 기능을 지원하는 전극을 머리에 이식한 채 생활하고 있다.

실험인간

1972년에 Michael Crichton이 쓴 소설을 바탕으로 1974년에 제작된 이 영화에는 간질환자이자 천재인 컴퓨터 프로그래머가 등장한다. 발작으로 의식을 잃은 후 그는 난폭한 범죄를 저지르지만, 정작 그는 자신의 행동에 대해 전혀 모른다. 외과의사들이 발작제어를 위해 그의 뇌에 전극을 이식하고 이를 그의 가슴에 있는 소형 컴퓨터와 연결한다. 하지만 그는 세상을 압도하는 컴퓨터에 대해 과도한 공포를 느끼고 폭력이 폭발해 사람들을 죽이고 결국 자신도 죽음에 이른다. 영화에 비해 좀 더 구체적인 책에서는 이식된 전극 하나가 발작시에 성적 쾌감을 촉발하자, 그가 발작을 자꾸 시도한다는 내용이 나온다. 하버드대학교 의과대학의 수련의였던 Crichton은 이 책을 쓰기 전에 최초의(그리고 논란이 많은) 뇌이식 연구자들 중 한 사람과 함께 연구했다.

전 세계적으로 4만 명 이상이 간질, 파킨슨병 및 기타 운동 관련 장애를 진정시키기 위해 뇌심부에 전극을 심은 상태이다. 뇌신경조정기와 같은 이식 배터리를 연결한 이들은 스위치를 눌러 떨림과 경련을 차단할 수 있다. 게다가 근육긴장이상이라는 움직임 장애로 휠체어를 타던 수천 명이 이제는 별 문제 없이 걸어다니는 등 거의 정상적인 삶을 누리고 있다.

7백 명 이상이 치료하기 어려운 통증 때문에 전기로 뇌자극을 받고 있다. 실험적으로 뇌심부자극술을 받은 환자들의 심각한 우울증, 환상통, 다발성 두통, 강박장애, 뚜렛 증후군 및 기타 뇌 관련 장애가 바로 완화되었다.

이처럼 뇌치료법 시장은 거대하고 한창 성장 추세이다. 1,000만 명 이상의 미국인들이 우울증으로 고투하고 있으며, 300만 명 이상이 척수 손상, 근위축성측색경화증, 뇌졸중 및 시각장애를 앓고 있다. 530만 명은 알츠하이머 질환과 관련된 기억상실을 앓고 있고, 특히 금세기 중반쯤에는 노령화 시대가 되어 전 세계적으로 그 수가 1억 명에 이를 것으로 보인다. 상이군인들이 심각한 우울증, 뇌손상, 마비, 사지손상을 안은 채 제대하고 있다.

경두개자기자극TMS은 우울증 치료법으로 FDA의 승인을 받은 상태이고, 비침습적이라는 장점이 있다(이는 정상인에게서 탁월한 수학능력이나 깊은 종교적 체험을 야기하는 것으로 알려져 있다). 하지만, 그 효과가 항상 지속적인 것은 아니다.

또 다른 비침습적 치료인 경두개직류자극dual-hemisphere transcranial direct current stimulation: tDCS은 뇌졸중 발생 후 3년(개선 가능성이 전혀 없는 기간)이나 된 환자의 손상된 뇌영역도 재활성화시킬 수 있다는 가능성을 보여준다. 뇌졸중으로 손상된 사지에 작업치료를 하는 동시에, 이 기술로는 전기자극을 가해 뇌활동을 조절한다. 연구자들은 치료를 5회만 받은 경우에도 운동기능이 의미 있게 향상되었음을 발견했다. fMRI에서도 마비된 쪽의 사지 움직임을 조절하는 뇌영역의 활동이 증가된 것으로 나타났다.

하지만 가장 뜨거운 관심을 받고 있는 새로운 치료는 뇌심부자극술이다. 지난 10년 동안, 이 기술은 파킨슨병이나 기타 움직임 관련 장애를 진정시키는 효과적인 치료법으로 인정받았다. 본래 뇌신경조정기였던 이 기술은 믿기 어려울 정도로 간단하여 장치가 딱 두 부분으로 되어 있다. 외과의사가 한두 개의 얇은 전선을 특정 뇌영역에 넣은 다음, 이 전선을 쇄골 근처의 피부 아래에 삽입한 작은 배터리와 연결한다. 배터리에서 나온 전기펄스가 전선 끝에 있는 전극으로 가서 의료문제를 야기하는 이상한 전기활동을 억제, 증폭, 교정한다. 의사들은 펄스의 속도, 강도 및 길이를 조절하여 바라는 결과를 얻을 수 있다.

1990년대 이후에 수만 명이 그 혜택을 받았다. 장기간에 걸친 평균 성공률은 60~70%이고, 의사들의 환자선별이 능숙할 경우에는 성공률이 100%에 가까웠다. 배터리를 휴대폰 배터리처럼 소형화하는 연구와 기술 덕분에 미국에 있는 250개 이상의 병원에서 운동장애를 치료할 때 뇌심부자극술만 실시한다.

오늘날의 뇌전기치료

미래에는 전기치료로 뉴런성장(기억을 돕거나 손상을 치료하는), 창의성(우뇌의 활동을 더 자극해서), 각성 및 집중을 촉진할 것이다.

오늘날의 전기치료법으로는 다음과 같은 것들이 있다.

- **TMS(경두개자기자극)**. 두개골 밖의 자기장에서 특정 뇌영역의 전기신호에 영향을 준다. 이 방법은 통증이 없으며, FDA로부터 우울증 치료법으로 인증받았고, 간질의 경련과 파킨슨병의 떨림을 진정시킬 수 있다.

- **EST(전기충격치료)**. 과거에는 약간 잔인하고 부적절하게 적용되어 나쁜 소문이 있었지만, 여전히 심한 우울증 치료에 조심스럽게 활용되고 있다('전기충격치료의 역사', 110페이지 참고).

- **DBS(뇌심부자극술)**. 특정 뇌영역에 이식된 아주 얇은 전극의 전기로 뇌활동을 자극하거나 억제한다. 전극을 컴퓨터나 뇌신경조정기와 같은 배터리와 연결할 수 있고 전원을 켜거나 끄는 스위치가 있다.

- **무선으로 제어하거나 증폭하는 전극**. 이 전극은 가끔 '뇌칩'으로도 불리는데, 컴퓨터와 연결된 전극이 컴퓨터와 교류하여 사고를 행동으로 번역한다('생체공학적인 뇌', 123페이지 참고).

- **FES(기능적 전기자극)**. 이는 마비된 근육의 움직임을 돕기 위해 미세한 전기충격을 가하고, 그 메시지를 뇌에 전달하여 뇌 자체의 재구성을 도울 뿐만 아니라, 아픈 근육을 움직이는 방법의 재학습에도 기여한다.

신기술 덕분에 다른 어떤 신경외과수술보다 뇌심부자극술이 큰 혜택을 받았다. 뇌심부자극술은 뇌의 물리적 구조를 바꾸지 않고도 뇌를 회복시킬 수 있다. 전극이 제대로 작동하지 않거나 효과가 없을 경우에는 끄거나 제거하면 그만이다. 뇌표면은 통증을 못 느끼기 때문에 수술하는 동안 환자가 깨어있고 의식도 말짱하다. 그러다 보니 환자가 외과의사에게 반응할 수 있어 중요한 뇌기능이 손상되는 것을 막을 수 있다.

최근 들어 전극은 더 안전해지고 배터리는 더 작아졌으며 더 오래간다. 또한 MRI 같은 뇌영상 기술이 발전하면서, 전극을 더 정확히 배치할 수 있게 되었다.

그 효과는 즉각적이다. 대개 환자가 수술대를 내려오기 전에 바로 그 효과가 나타난다. 그러나 이런 운동장애 치료는 아직 시작 단계일 뿐이다.

우울증의 스윗 스팟 찾기

몇 년 전에 신경과학자인 Helen Mayberg가 특정 뇌영역에 뇌심부자극술을 시술하여 심각한 우울증을 치료함으로써 신경학계에게 큰 감동을 주었다.

당시 존스홉킨스대학교의 Mayberg와 워싱턴 의과대학의 Wayne C. Drevets는 각자 별도로 우울증 관련 뇌영역이 브로드만 영역 25번임을 발견했다. 그 당시 그녀와 토론토대학교 동료들은 수년간의 약물치료, 대화치료, 심지어 전기충격치료마저 효과가 없을 정도로 심각한 우울증 환자들 12명 중 8명을 멋지게 치료했다. 모든 역경에도 불구하고, 그들은 브로드만 25번(기분, 사고 및 정서와 관련된 몇몇 뇌영역을 연결하는 지점으로, 우울증 환자의 경우에는 과잉 활성화됨)에 뇌심부자극술을 실시했다.

갑자기 뇌심부자극술이 쇄도하게 되었다. 이제는 몇몇 이유로 인해 신경과 관련된 모든 질환, 특히 정신질환 치료법으로 연구되고 있다.

하지만 Mayberg는 더 신중하다. 그녀는 과학자들이 아직도 25번을 진정시켜서 그런 효과가 나타나는 이유를 모르며, 정신질환의 원인은 신경화학적 요인부터 유전, 환경에 이르기까지 다양하다고 말한다. 게다가 피질과 변연계(공포를 일으키는 편도체가 있는)를 비롯한 복잡한 네트워크가 사고와 기분을 연결한다. Mayberg와 동료 연구자들은 확산텐서영상DTI 기술을 통해 사람에 따라 우울증 관련 통로가 다르다는 사실도 발견했다.

따라서 신속한 정신질환 치료법으로 뇌심부자극술에 너무 열광하기 전에, 극복해야 할 장애물들이 만만치 않다.

뇌심부자극술은 파킨슨병이나 간질처럼 표적이 될 만한 정확한 뇌영역이 있는 장애에 효과적이다. 하지만 더 복잡한 정신질환에 사용하려면 여전히 시험적이다. 문제는 뇌심부자극술이 비교적 무딘 도구라는 점이다. 이 장비는 온-오프 스위치가 있어서, 어떤 뇌영역(그리고 그 영역과 교류하는 다른 뇌구조)을 억제하거나 흥분시킨다. 뇌심부자극술이 파킨슨병에 적절한 이유는 과잉 활성화된 영역을 진정시킬 필요가 있고 해당 뇌영역이 확실하기 때문이다.

하지만 대부분의 정신질환에는 특정 영역이 없다. 대부분의 정신질환들은 훨씬 더 복잡할 뿐만 아니라, 관련 영역이 각기 다르다. 정신질환의 원인이 되는 신경 네트워크와 생화학적 요소의 상호작용에 대해서도 아직 잘 모르는 상태이다. 뇌이식은 정밀성이 요구되는 고비용의 신경외과 수술이라서, 적어도 가까운 미래에는 아주 심각한 경우가 아니라면 시행되지 않을 것 같다. 지금까지 뇌심부자극술을 실시한 우울증 환자는 50명도 안 된다. 향후 몇 년 안에 FAD에서 이를 우울증 치료법으로 승인한다 할지라도, Mayberg는 이 치료법이 대중적일 것 같지는 않다고 본다.

뇌이식은 알츠하이머 환자에게 도움이 될까?

알츠하이머 질환의 치료를 위한 뇌이식 도입에 대해서는 상당히 낙관적이다. 하지만 이 질환이 있을 경우에는 뉴런이 죽거나 그 기능을 멈추거나 아니면 뉴런 간의 연결이 사라지고 더 이상 기억하기 어렵다. 뇌심부자극술로는 그처럼 복잡한 연결을 치료하기 어렵지만, 미래의 뇌칩으로는 가능할 것이다('생체공학적인 뇌', 123페이지 참고).

　이는 용이한 수술이 아니고 치료제도 아니며 그 절차가 위험하다. 이는 정확하고 섬세한 수술로, 무엇보다도 신경외과 의사들은 엉뚱한 지점을 활성화시켜 부작용을 일으키지 않도록 주의해야 한다. 이를 위해서는 전극을 배치할 공간을 정확히 파악하여 치료할 질환과 관련된 뉴런에만 영향을 미쳐야 한다. 하지만 뇌심부자극술로는 정신기능을 향상시키거

여보, 스위치를 올려서 나를 기분 좋게 해줘

1973년에 발표된 영화 〈잠꾸러기Sleeper〉에서 Woody Allen은 미래인들이 섹스를 위해 구태여 땀에 흠뻑 젖고 인간적이려 애쓸 필요가 없을 것이라고 예측했다. 즉, 미래인들은 오르가스마트론(사랑을 유발하는 기계)에 들어가기만 하면 될 것이다. 오르가스마트론 안에서는 뇌의 쾌락중추를 향한 신호가 해당 중추를 자극할 것이다.

　이는 그리 요원한 일이 아니다. 통증을 치료하는 의사들은 전류가 오르가즘을 유발하는 과정을 발견했고, 이를 오르가스마트론으로 상표 등록했다. 노스캐롤라이나대학교의 의사인 Stuart Meloy가 통증감소를 위해 척추에 전극이식을 하다가 우연히 전극을 잘못 배치하자 그 여자 환자가 "내 남편에게 그렇게 하라고 가르쳐 주세요."라고 소리쳤다.

　Meloy는 FDA가 승인한 소규모 예비실험을 실시했는데, 2006년에는 오르가즘을 느껴본 적이 없거나 더 이상 못 느끼는 11명의 여성 중 10명이 일시적인 이식으로 성적 흥분을 느꼈다고 보고했다.

　Meloy는 그의 웹사이트에서 오르가즘 장애의 치료를 위한 척수자극 활용을 신경강화성기능neurally augmented sexual function이라 불렀다. 하지만 현재까지 섹스칩은 없으며, 그것은 결코 누군가의 애정생활에 흥분을 더해줄 만큼 실용적이지 못할 것이다. 사랑하는 아내를 위해 섹스에 공들이는 이가 있다는 것은 여전히 괜찮은 일이다.

나 되살리거나 질환의 진행을 막지 못할 뿐만 아니라, 근접 부위까지 영향을 주어 난청, 언어장애, 균형문제 등이 야기될 수 있다.

이 분야와 우리 뇌의 미래

머지않아 우리 뇌의 전류를 조작(操作)하는 엄청난 미래가 다가올 것이다. 물론 극복해야 할 장애물도 있겠지만, 그러한 재구성이 우리 뇌를 치료하고 향상시킬 것이라는 기대를 모으고 있다.

전기를 통한 뇌자극을 연구하는 이들의 희망목록은 다음과 같다.

- 다른 뇌영역에 영향을 주지 않으면서 증상을 완화시키는 데 필요한 적정 전하를 찾는 동시에, 심각한 정신질환의 원인이 되는 신경 네트워크 찾기
- 불규칙적인 신경패턴을 감지하는 동시에, 정확한 임펄스로 반응하여 문제를 예방하고 경보를 내리는 '영리한' 뇌신경조정기 개발하기
- 뇌에 전기 임펄스를 전하는 마이크로프로세서를 설치하여, 마비가 심각한 사람들(몸은 마비되었지만 뇌와 정신은 여전히 말짱한 감금 증후군)이 사지와 소통하고 사지를 움직이도록 돕기
- 건강한 뇌와 아픈 뇌의 새로운 뇌세포 생성을 자극하여, 뇌활동을 향상시키고 손상되거나 사라진 뉴런 대체하기
- 양반구를 균형 있게 활성화시키고 우반구를 강화해서 창의성 자극하기

최근의 현저한 발전에도 불구하고, 전기를 통한 뇌자극은 여전히 가야 할 길이 멀다. 첫째, 우리는 아직 뇌기능, 뇌활동, 신경망 구성에 대해 잘 모른다. 결과적으로 뇌의 작동방식을 완벽히 이해하지 못한 상태이다. 실제로 과학자들은 전극으로 간 펄스가 뉴런의 본래 활동을 촉진할 때도 있고 억제할 때도 있다는 사실이나 펄스가 정확히 해당 지점으로

가서 의도한 효과를 나타낼 때도 있고 그렇지 못할 때도 있다는 사실을 알고 있다.

둘째, 우리에게는 더 진보된 기술이 필요하다. 전극이 작긴 하지만, 아직도 더 축소시켜야 한다. 파킨슨병에 이용되는 전극은 그 폭이 1.5밀리미터 정도인데, 이는 뇌 안에 빽빽히 모여있는 뉴런이 백만 개나 들어갈 정도로 넓은 공간이라서 다른 뉴런에 피해를 주거나 혈관을 손상시키지 않고 증상을 없애기가 어렵다. 그래서 전극삽입으로 인해 1~3%의 환자가 뇌졸중으로 이어지는 출혈을 겪었다.

게다가 현재 뇌심부자극술에 사용되는 장치는 비교적 조잡하고 무척 간단하다. 설치된 배터리에서 항상 동일한 펄스가 나오기 때문에, 환자의 증상을 제대로 치료하려면 외과의사 팀이 강도, 빈도, 지속기간을 적절히 조절해야 한다. 그 다음에는 배터리가 계속 작동하도록 설정하여 신호의 강도나 패턴을 그대로 유지시켜야 한다.

미래의 스마트 장비는 필요할 때에만 적절한 임펄스로 반응할 것이다. 맥박에 문제가 있음을 인식한 경우에 심박 조율기에서 전기충격을 가하는 것처럼, 주도면밀하게 경계상태를 유지하면서 뇌활동을 모니터하고 분석한다. 뇌신경조정기에서 문제(가령, 떨림이나 발작이 막 일어나려 하면)를 감지할 경우, 문제해결을 위해 특별히 보정된 일련의 펄스를 보낼 수 있다. 뉴런 크기의 초소형 전극이라면, 더욱 정확한 배치가 가능할 것이다.

하지만 신경학자들은 뇌기능에 대해 훨씬 더 알아야 한다. 그들은 문제상태와 정상상태의 뇌패턴을 해독해서, 얼마나 많은 네트워크가 상호작용하고 중복되는지를 알아야 한다.

연구자들은 점점 그런 목표에 근접해가고 있다. 최근에 신경과학자들은 뇌의 통증신호(극심한 통증을 느낄 때 나타나는 뉴런의 특정 발화 패턴)를 발견했다. 그들은 환자들이 호소하는 주관적인 통증 정도와 특정 뇌활동이 완벽한 상관을 이룬다는 사실을 발견했다. 작금의 과제는 이런 통증신호에 귀 기울여서 그런 신호가 나타날 때마다 적절한 전기충격을 보내는 진보된 전극을 개발하는 것이다.

Mayberg는 DTI를 이용해 우울증과 기타 장애를 야기하는 요인을 파악하는 중이라서, 머지않아 인성, 행동, 질환과 관련된 뇌영역과 해당 통로를 지도로 그릴 것이다('뇌영상으로 본 우리 뇌', 91페이지 참고).

하지만 Mayberg를 비롯한 뇌심부자극술 분야의 선구자들은 이미 전기를 넘어 생화학뿐만 아니라, 더 새롭고 비침습적인 뇌조절기를 예측하고 있다. 미래에는 단백질이 등장하여 그 일을 해낼 것이다. 가령, 스탠포드대학교의 생체공학자인 Karl Deisseroth와 동료 연구자들은 빛으로 쥐의 특정 뇌영역을 자극하는 다양한 방법을 이용하여 행운을 거머쥐게 되었다. 옵신(야간시력에 쓰이는 망막세포 계열)이라는 단백질을 뇌에 비침습적으로 넣은 다음, 아주 얇은 광섬유 케이블을 이용해(큰 전극에서 나오는 전기가 아니라) 빛으로 자극할 수 있다. 다른 연구에서는 뇌표면 근처에 있는 축색돌기(뉴런의 긴 가지)들을 빛으로 자극해 뇌심부의 뉴런에 영향을 주었다. Deisseroth와 동료 연구자들은 비침습적인 스위치를 만드는 이들 장비나 이와 유사한 장비를 개발하여, 수술하지 않고도 더 정밀하게(전극에 비해) 뇌영역을 조절하길 바란다.

한편, 뇌이식 환자들을 연구할 경우에 뇌기능을 매핑하기가 용이해서 전기자극의 효과가 가장 큰 뇌영역을 확인하거나 뇌의 기본 구조와 기능에 대한 통찰(새로운 언어를 학습하거나 알고리즘을 해결할 때 우리 뇌가 어떻게 협응하는지, 주관적 경험처럼 설명하기 어려운 일이 뇌의 전기활동에서 어떻게 유발되는지 등)을 얻게 될 것이다.

7장

생체공학적인 뇌

뇌–기계의 융합

개 요

미래학자들과 공상과학 작가들은 오랫동안 인간과 기계, 특히 인간의 뇌와 컴퓨터의 융합에 대해 생각해왔다. 이런 꿈은 서서히 현실이 되어가고 있다. 청각장애인들은 생체공학적 '귀'로 듣고 있고, 시각장애인들은 전극의 도움으로 볼 수 있으며, 절단수술을 받은 이들이 생각만으로 보철 팔을 움직이고 있다. 또한 감금증후군이 있는 마비환자들은 컴퓨터 합성장치와 연결된 뇌전극을 통해 말할 수 있다. 겨우 1996년에야 생각만으로 활성화되는 신경이식이 출현한 것을 생각해보면, 이 기술이 얼마나 빨리 발전해왔는지를 알 수 있다. 앞으로 우리가 살아있는 동안 과연 어떤 일이 일어날지 생각해보자.

The Scientific American *Brave New Brain*

과거: 일부 공상과학 작가들과 과학자들은 생체공학적 부품을 통해 뇌를 치료하고 개선할 수 있는 날이 올 것이라고 가정했다. 그러나 그것은 공상일 뿐이었는데, 그 이유는 그 당시 기술장벽이 너무 컸기 때문이다.

현재: 생명공학과 신경과학의 발전 덕분에 생각만으로 작동하는 기술과 손상된 신경기능 대체가 점차 가능해져 뇌와 기계를 연결하게 되었다. 일부에서는 몇 십 년 안에 뇌에 마이크로프로세서를 설치하여 기억을 확장할 수 있을 것으로 예측하고 있다.

미래: 생체공학적 시력, 척수치료를 위한 생체공학적 뉴런, 심지어 생체공학적 기억저장고와 인터넷의 연결로 인간과 기계의 상호연결이 일반적이게 될 것이다. 알츠하이머 질환을 치료하고, 생각만으로 기계와 우주선을 조종하게 될 것이다. 일부에서는 언젠가 인공지능을 가진 컴퓨터 즉, 생체공학적 자아로 대체될 것으로 예측한다.

각종 인공부품들

인공부품은 이미 우리에게 식상한 이야기이다. 우리는 오랫동안 의치, 의안, 의족 등의 인공보철물을 만들어왔다. 이제 우리는 몸 안에서 제 기능을 하는 생체공학적 부품을 갖게 되었다. 그 예로는 무릎과 엉덩이 관절 보철물, 치아 임플란트, 인공심장, 가슴 임플란트, 음경 임플란트, 심박조율기, 뇌신경조정기 등을 들 수 있다.

그렇다면 뇌의 인공부품은 어떤가? 생체공학적 뇌이식을 지원하는 기술은 여전히 초기 단계지만, 머지않아 뇌를 크게 확장하거나 치료하게 될 것이다. 프로그램이 가능한 마이크로프로세서를 신경이식할 경우에 우리 뇌의 일부가 대형 광학 드라이브로 바뀌어 머릿속에 엄청난 정보를 보유하게 될 것이다. 가령, 전화번호, 인터넷 주소, 모든 사람들의 생일 목록, 전 가족사와 연고(7촌까지 포함), 좋아하는 모든 책들을 비롯한 방대한 정보 말이다.

마비환자들은 생체공학적 신경보철물이나 메시지(뇌에 이식된 전극에서 무선으로 직접 받은) 덕분에 완벽한 의사소통이 가능하고 심지어 움직이거나 걸을 수 있을 것이다. 그리고 열쇠를 어디에 두었는지 등의 사소한 일들을 일부러 기억할 필요도 없을 것이다. 그 이유는 인공해마가 기억이나 치매와 관련된 문제를 다 해결할 것이기 때문이다.

뇌질환 치료 분야만 보더라도, 잠재적인 인공신경부품 시장은 거대하다. 알츠하이머 질환이 있는 미국인은 약 530만 명 정도로 추정되며, 척수손상, 루게릭병 및 뇌졸중으로 인해 마비된 환자들은 200만 명 이상일 것이다. 또한 법적 맹인이 백만 명 이상이고, 우울증을 겪고 있는 미국인도 천만 명 이상에 이를 것이다.

만약 당신이 베이비붐 세대보다 젊다면, 당신이 살아있는 동안 다음과 같은 일들이 일어날 것이다.

● 생체공학적 눈 덕분에 시각장애인이 보게 될 것이다. 전 세계적으로 수십 명의 시각장애인이 이미 인공망막을 이식했으며, 7만 명 이상의 청각장애인이 인공달팽이관(실제로 최초의 생체공학적 보철물)을 이식했다.

● 우리 뇌가 특수 마이크로칩을 생물학적으로 통합해서, 기억을 확장하거나, 구체적인 지시사항을 넣거나, 다른 정보를 다운로드하는 포털 사이트 역할을 하게 될 것이다. 주인공이 휴대전화에서 뇌로 헬리콥터 조작방법을 다운로드하는 〈매트릭스Matrix〉를 생각해봐라. 우리는 성공기에 대한 매뉴얼 전체를 다운로드할 수도 있을 것이다.

● 건강한 사람에게는 뇌-기계 인터페이스가 기계의 원격조정이나 가상의 터치 감각과 같은 엄청난 기회를 제공할 것이다. 우리는 기계를 작동하고 수술을 하며 가상으로 섹스를 하고 생각만(더 정확히 말하자면, 무선으로 전송되는 신경임펄스로)으로 비행기나

여객선 또는 우주선을 조종할 것이다.

● 뇌기술은 마비환자들에게 새로운 삶을 열어줄 것이다. 전극으로
신경임펄스를 '읽고' 이를 컴퓨터로 보내 수의운동 없이도 말할

생체공학이란?

생체공학은 최신의 용어로, 살아있는 생물학적 신체부위를 원래보다 더 나은 인공부
품으로 대체하는 것을 말한다. 즉, 인공부품을 이용해 손상된 구조와 기능을 회복하거
나 인간의 수행을 촉진한다. 몇몇 분야의 과학자들이 생물학적 원리를 이용한 생체공
학 시스템을 연구 중이다.

1970년대의 TV 연속극인 〈육백만불의 사나이The Six Million Dollar Man〉에서처럼 몸
에 부착하는 직접적인 신체보철물을 묘사할 때에도 생체공학이라는 용어를 사용하곤
한다. 전직 우주비행사인 Steve Austin이 개막식에서 비행기 충돌로 심한 상처를 입었
을 때, 해설자는 시청자들을 안심시키려는 듯 걱정하지 말라고 했다. "우리는 그를 개
조할 수 있습니다. 우리에게는 그럴 만한 기술이 있습니다."라고 말하면서 말이다. 그
는 오른팔, 양다리, 왼쪽 눈을 실제와 같은 '생체공학적' 이식물로 대체하여 슈퍼맨과
같은 힘, 속도 및 시력을 갖게 되었다.

엄청난 수술비용에서 그 이름을 딴 〈육백만불의 사나이〉는 Martin Caidin이 쓴
1972년의 소설 〈사이보그Cybog〉(인간과 기계의 융합을 일컫는 또 다른 용어)에 바탕
을 두고 있다. 〈소머즈The Bionic Woman〉(1975)라는 연속극은 〈육백만불의 사나이〉의
파생작으로, 그 주인공인 프로테니스 선수 Jaime Sommers는 낙하산 사고로 중상을
입고 생체공학적 다리, 오른팔 및 귀를 이식한다.

위와 같은 것들이 그 당시에는 공상과학에 불과했지만, 오늘날에 와서는 이들 생
체공학적 보철물 중 일부는 이미 현실이 되었다. 그러나 아직까지 현실에서는 생체공
학적 보철물들이 TV에서처럼 진짜 같지 않다.

수 있을 뿐만 아니라, 로봇, 우주선, 심지어 생물학적 아바타(우리 몸으로 갈 수 없는 곳에 뇌를 데려다줄) 등의 장치를 작동하게 될 것이다.

- 한 세대가 가기 전에 신경재생이나 인공신경 덕분에 척수손상 환자들이나 신경위축질환(루게릭병이나 다발성 경화증) 환자들이 움직이게 될 것이다.
- 먼 미래에는 현재의 우리 몸이 다 노쇠했을 때, 기억과 감정이 완벽한 뇌의 디지털 복사본을 로봇, 컴퓨터 또는 자신의 복제인간에게 전송할 것이다.

오늘날의 생체공학적 뇌연구

현실에서 이미 실용화된 생체공학적 뇌기술이 있다. 즉, 뇌 안의 전극과 연결된 뇌신경조정기는 온-오프 스위치가 있어서 사람들이 발작과 떨림을 조절하는 데 도움이 된다. 무선으로 원격 조작되는 뇌이식도 존재해서, 분노처럼 단순한 일부 과정을 유발할 수 있다('뇌회로망의 재구성', 109페이지 참고). 일부 환자들은 신경신호만으로 컴퓨터의 커서를 움직이고 메시지(컴퓨터의 언어합성기로 읽거나 변환될 수 있는)를 타이핑하며 휠체어를 조종하고 기계 팔을 움직일 수 있다.

새로운 생체공학적 뇌이식은 이런 수준을 훨씬 넘어설 것이다. 과학자들은 두 가지 목적에서 우리 뇌에 마이크로칩이나 송신전극을 삽입하는 방식을 연구 중이다. 첫 번째 목적은 신경이식을 위한 것으로, 이를 통해 뇌용량이 증가되어 헬리콥터 매뉴얼이나 휴대전화 연결과 같은 정보를 받고 저장하며 활용할 수 있을 것이다. 과학자들은 컴퓨터, 아이팟, 카메라의 마이크로세서처럼 엄청난 양의 정보를 이용해 프로그램하고 원격으로 재프로그램이 가능한 동시에, 생각만으로 작동 가능한 신경 마이크로프로세서를 기대한다. 두 번째 목적은 신경이식(전극이나 마이크로프로세서)을 위한 것으로, 이를 통해 생각을 무선으로 다른 사람, 의 수, 컴퓨터, 또는 우주선의 제어판에 보낼 것이다.

보조기술을 연구하는 연구개발회사인 신경신호주식회사Neural Signals, Inc.의 Philip R. Kennedy처럼 신경기술을 연구하는 신경과학자들은 21세기 중반쯤 이런 기술 중 상당 부분이 현실화될 것이라고 확신한다. Kennedy는 뇌로부터 신경활동(생각)을 받아 전기자극으로 전환하여 이를 기계의 대응부위로 보내는 신경생체공학과 기술 분야의 선도자이다. 그를 비롯한 연구자들은 생각을 행동으로 전환하는 뇌이식, 신경재생, 외부전극 등의 다양한 생체공학적 기술을 실험 중이다. 그들은 수의운동이 아예 불가능하거나 근육운동이 아주 제한된 사람들을 대상으로 연구했다. 그 예로는 감금증후군이나 루게릭병 환자를 들 수 있다.

표적근육재자극targeted muscle reinnervation이라는 다른 실험에서는 팔 절단 후에 남아 있는 신경의 메시지를 전극으로 증폭시켜 생각만으로도 원래 있던 팔처럼 의수를 움직이게 한다. 물론 이전에도 생각만으로 인 공부품을 움직일 수 있었지만, 그 당시에는 팔다리의 각 동작을 의식적으로 근근이 움직이는 정도였다. 지금까지는 극소수의 절단자들만 이들 새로운 장치나 사지의 혜택을 누리고 있고 완벽해지기까지는 여전히 요원하지만, 그래도 엄청난 도약이다.

나아가 연구자들은 감각입력에서 생물학적 신체로 가는 메시지와 별 도로, 전기 메시지를 반대 방향으로 보내는 방법을 연구하여 의수가 무 언가를 만지면서 진짜 팔처럼 '느끼는' 피드백이나 근감각적 인식을 제 공하려 한다. 이론적으로는 우주 정거장에 있는 아버지가 의수를 통해 지구에 있는 자기 아기의 머리카락을 어루만지면서 실제와 같은 감각을 느낄 수 있다. 아주 진짜 같은 가상의 원거리 섹스도 가능해질 것이다.

이런 사항은 대부분 아직 실험적이다. 그리고 여전히 의문점이 남은 상태이다. 즉, 우리는 뇌와 기타 신경계의 대체물을 어느 정도까지 만들 수 있을까? 아무튼 기술이 발전되면, 약 1,000억 개 이상의 뉴런들이 실 제로 인공 네트워크의 뉴런(컴퓨터 칩)을 포용하고 그와 연결될 수 있을 까? 우리는 그 과정에서 우리의 인간성을 잃게 될까? 당신도 의문을 가져보길 바란다.

엄청나게 많은 정보를 담은 뇌

미래학자들과 낙관적인 과학자들은 요즘 디지털 독자들이 무선 책을 보는 것만큼이나 쉽게 머지않아 우리 뇌에 〈전쟁과 평화War and Peace〉를 바로 다운로드하게 될 것이라고 말한다. 좀 더 실용적으로는 인터넷과 일상 블로그에 접근하여 주소록과 의제들을 뇌칩에 복사할 것이다. 일부에서는 정보가 빠져나가는 것을 전혀 눈치채지 못하는 누군가의 기억에 "나에게 10,000달러를 보내시오."나 "이 빌딩을 공격하시오."와 같은 정보를 새길 수도 있을 것이라고 좀 더 부정적인 추측을 한다.

어쨌든 이런 시대가 도래할지 여부는 뇌와 생물학적으로 융합 가능한 마이크로프로세서 개발, 뇌에 설치할 실리콘 칩에 뇌회로 구조의 복사, 뇌회로 구조 주변에서의 뇌세포의 성장 가능성에 달려있다. 달팽이관 이식에서는 이미 뇌에 연결할 수 있음을 보여주었고, 실험실의 작업대에서는 그 이상이 진행 중이다. 인공망막 역할을 하는 전극배열은 전세계적으로 12명 정도에게 이식되었다.

그러나 과학자들은 우리 뇌세포가 어떻게 정보를 수용하고 처리하며 다시 전달하는지를 아직 잘 모르는 상태이다. 연구자들은 수십억 개의

스타트렉 : 다음 세대

2357년쯤 스타트렉의 우주에서는 시각장애인도 '볼' 수 있다. 태어날 때부터 시각장애인이었던 Geordi La Forge는 전자 스펙트럼을 스캔한 시각 정보를 관자놀이에 이식된 작은 책으로부터 시신경으로 보내는 인공시각장치인 비저 VISOR를 끼고 있다. 그는 평범한 인간의 시력을 갖지는 못했지만, 적외선을 인식할 수 있어서 맥박과 체온처럼 생명유지에 필수적인 신호들을 볼 수 있다.

뉴런들과 그 뉴런들을 연결하는 수조 개의 시냅스 사이에 어떻게 유의미한 정보교류가 일어나는지에 대해 다양한 이론들을 제시한다. 가장 오래된 견해에 따르면, 신경코드는 뉴런에서 발생하는 미세전하의 신경임펄스 발화속도에 상응한다는 것이다. 좀 더 최신의 연구에서는 각 임펄스사이의 정확한 시간간격(시간부호)과 뉴런이 함께 발화하는 지속적인 변화패턴(집단부호)에 초점을 두고 있다.

정보를 우리 뇌에 바로 다운로드하려면, 뉴런의 인식을 도울 방법을 알아야 한다. 가령, 기계의 전체 매뉴얼은 고사하고 적어도 "투견이 달려오는지 봐라." 문장에 해당하는 신경코드라도 말이다. 미국 방위고등연구계획국에서는 날아다니는 전투기에 대한 정보를 다운로드하는 것과 같이 즉각적이고 실용적인 것에 관심을 갖고 있다.

시각장애인의 시력을 되찾아주는 인공망막

연구자들은 수십 년 동안 인공망막을 연구해왔고, 오늘날의 실험적인 수술 덕분에 전 세계적으로 십여 명이 시력을 되찾게 되었다. 이 과정은 시신경 수용기가 남아있는 상태에서 색소성 망막염과 시력감퇴(눈 뒷부분에 있는 다층의 망막 광감세포가 파괴되는 질환)가 있는 이들에게 효과적이다.

이를 위해서는 먼저 외과수술을 통해 작은 미소전극 배열을 망막에 이식한다. 환자가 소형 카메라가 장착된 안경을 쓰면, 이미지와 정보를 무선으로 마이크로프로세서에 보내어 자료를 전기신호로 전환하고 이를 눈의 수용기에 전달한다. 연구자들은 "이 장치에서 얇은 케이블을 통과한 신호가 미소전극 배열을 자극하면, 시신경과 뇌로 이동할 펄스가 방출됩니다. 그러면 뇌에서는 자극받은 전극에 상응하는 명암패턴을 인식합니다."라고 말한다. 그 장비를 활용하는 사람들은 그 패턴을 해석하여 의미 있는 이미지로 번역한다. 훗날 그러한 배열을 미조정(微調整)하여 비장애인들의 시력을 촉진한다면, 우리가 야간시력을 갖거나 나아가 〈육백만불의 사나이〉처럼 슈퍼시력까지 갖게 될 것이다.

그 프로젝트는 신경학, 초소형 전자공학, 광전변환공학, 생명공학 등의 기술과 과학이 협력한 결과이다. 그 외에도 세계적인 몇몇 학술센터, 국립시력연구소National Eye Institute와 미국 에너지부 과학사무국Department of Energy's Office of Science을 비롯한 정부기관 연구자들, 그리고 많은 정부지원을 받고 있는 법인연구회사인 세컨드 사이트Second Sight 등이 협력한 결과이다.

연구자들은 이 프로젝트에서 미소전극과 피드백 기제를 생체조직과 연결하는 한층 더 진보된 기술이 나올 것이라고 말한다. 미국 에너지부에서는 생명이 있는(생물) 뉴런과 생명이 없는(무생물) 기계의 인터페이스가 식물이나 박테리아와 같은 다른 세포유형과의 인터페이스에도 적용될 수 있을 것이라고 말하고 있다.

인공해마

아마도 기억문제가 있는 이들을 돕기 위해 인공해마를 만들려고 시도하는 과정에서 뇌에 다운로드하는 방법이 나오게 될 것이다. 측두엽 안쪽에 있는 해마는 뇌졸중이나 알츠하이머 질환으로 인해 손상되곤 한다. 미국 과학재단National Science Foundation과 미국 방위고등연구계획국의 자금을 지원받는 이 프로젝트에서는 손상된 해마를 전자로 우회하여 새로운 기억생성 능력을 회복시키는 연구를 진행 중이다. 사우스캐롤라이나 대학교의 Theodore W. Berger와 동료 연구자들은 컴퓨터 칩과 인공해마를 개발하려는 의도에서 해마에 있는 뉴런의 교류방식을 연구하고 있다. 한 연구에서는 인공해마가 생물학적 기관으로부터 정보를 인계받아 쥐의 기억을 공고화한 것으로 나타났다.

그러나 최근 Gary Stix가 〈사이언티픽 아메리칸〉에 쓴 것처럼, 인공해마에서 여러 가지 문제점이 나타날 수 있다. 인공해마가 기존의 기억을 덮어쓰기해 버릴까? '투견이 달려오는지 봐라.' 문장에 해당하는 신

토탈 리콜

Philip K. Dick의 소설을 바탕으로 1990년에 제작된 이 영화에서는 이식된 기억과 기존의 기억이 충돌했을 때 어떤 문제가 발생할 수 있는지를 잘 보여준다. 2084년에 Douglas Quaid는 자주 화성과 관련된 꿈에 시달린다. 그는 좀 더 알아보려는 마음에서 이식된 기억을 판매하는 레켈 주식회사로부터 화성에 관한 꿈을 주입받는다. 그러나 기억이식으로 뭔가가 잘못된다. 그는 사악한 화성의 독재자와 싸우는 첩보원이었음을 알게 되고 곤경을 타개하기 위해 화성으로 돌아간다.

경코드가 당신과 나 또는 쿠르드족에게 동일할까? 그는 "인공해마를 통해 들어온 기억이 문장의 맥락을 제공하는 기존의 회로와 딱 맞게 융합될까? 아니면 'Spot(투견)이 달려오는지 봐라.' 문장을 달려오는 '투견' 대신 '세탁물 사고'로 오해할 수 있을까와 같은 문제를 제기한다.

텍스트를 뇌에 넣을 때, 전극을 조직에 바로 삽입할지도 고려해야 한다. 지금까지 간질환자나 파킨슨병환자들 또는 장애인('뇌회로망의 재구성', 109페이지 참고)에게 사용한 방법은 신경외과수술이었다. 사실, 우리는 100년 이상이나 두개골을 열지 않은 채 뇌의 전기활동을 탐지할 수 있었다. 수영모처럼 생긴 장비로 마비환자의 신호를 포착하여 컴퓨터로 전달하고, 컴퓨터에서는 지적 임펄스로 스크린상의 글자 타이핑이나 실제적인 웹서핑을 지시할 수 있다. 그러나 고려 중인 신경기술과 방대한 자료는 아마도 수영모처럼 생긴 장비보다 훨씬 더 많은 정밀성을 요구할 것이다.

생각을 행동으로!

생각만으로 작동되는 장치야말로 오늘날의 뇌과학에서 부상 중인 최고의 관심사이다. 실제로 움직임이 불가능할 경우에도 그 장치가 "움직여라"는 뇌의 지시를 듣고 그 신호를 해독하여 컴퓨터를 작동하거나 로봇이나 인공사지를 움직인다. 이런 요건을 위한 기술(강력한 마이크로프로세서, 향상된 필터, 오래 쓸 수 있는 소형 밧데리)은 부상당한 퇴역군인들의 인공부품 연구를 후원하는 미국 국방부 등의 기금 덕분에 급속도로 진보했다. 오랜 동물연구에서는 신경활동과 뇌의 놀라운 가소성(스스로 수정해가는 능력)을 제시한 바 있다.

그러나 실제적인 적용은 아주 더디게 이루어지고 있다. 먼저 과학자들이 뇌의 어떤 부위가 움직임을 조정하는지를 판단하여 뇌파센서나 전극을 배치할 장소를 알아내야 한다. 이것은 아주 복잡하여 근육운동-사고 인터페이스와 관련된 여러 뇌영역에 접근하는 몇몇 방법이 시도되었을 뿐이다.

현재 진행 중인 전극이식 실험 중 하나는 아마도 필요한 목표수준에 도달할 것이다. 신경신호주식회사Neural Signal, Inc.의 Philip R. Kennedy와 동료들은 뉴런의 출력을 기록하는 장치를 고안했다. 그 장치에 접속하여 뇌졸중 환자가 생각만으로 컴퓨터에 신호를 보내면, 컴퓨터에서는 그 신호를 음성 합성기로 발음할 수 있는 모음(단어형성 단계인)으로 해석한다.

이런 유형의 뇌-컴퓨터 인터페이스는 단어를 쓰기 위해 컴퓨터 커서를 알파벳 위로 옮기거나 온-오프 스위치를 작동하는 신호보다 정교해야 한다. 이것은 언어를 담당하는 뇌영역에 직접 접근한다. Kennedy의 자원자들이 더 이상 성대근육을 움직일 수 없어 컴퓨터로 합성한 언어로 의사소통하는 동안, 성대신경, 근육, 컴퓨터로 가는 생각으로부터 말이 바로 생성되기 때문에 난이도와 효과 면에서 큰 차이가 난다. 이 기술은 이외의 많은 용도로도 활용될 것으로 기대된다.

Kennedy의 말을 직접 들어보자.

"생각이란 엄청난 수의 뉴런이 발화하는 앙상블입니다. 우리는 해당 뉴런을 찾으려 하지만, 이는 엄청난 시행착오입니다."

그는 생각을 거대한 밀밭에 부는 바람에 비유하고, 자신의 연구를 움직이는 밀의 특정 줄기를 찾는 것에 비유했다. 인간 외에는 말하는 동물이 없기 때문에, 그는 동물연구의 도움 없이 언어신호를 신경소음과 분리하는 방법을 찾아야 했다.

브라운대학교의 신경과학자인 John Donoghue는 인간의 이식을 위한 신경인공부품 개발 분야에서 Kennedy 다음으로 손꼽히는 과학자이다. 그는 케이스 웨스턴 리저브대학교의 생물의학 공학자로 하부척수가 손상된 환자의 신경이나 근육을 자극하여 약간의 움직임을 가능케 하는 전기장치를 개발했다. 한편, Peckham에게는 사전에 프로그램된 간단한 동작 지원 시스템이 있어서 지원할 수 있다. 휠체어를 타던 사람이 보행하게 될 때까지 그래서 Donoghue와 Peckham은 신경인공부품과 그 시스템을 연결하여 훨씬 더 효과적인 시스템을 개발하길 바라고 있다.

각 뉴런에의 접근은 다음 차례이다. 즉, 지름이 100나노미터 이하인 섬유를 이용해 각 뉴런에 쉽게 접근할 수 있는데, 이는 그 크기와 전기적·기계적 특성 덕분이다. 캔사스 주립대학교의 Jun Li와 동료 연구자들은 나노섬유 가닥으로 신경신호를 자극하거나 받는 전극 역할을 하는 붓 모양의 구조를 만들어왔다. Li는 이것으로 뉴런을 자극해서 파킨슨병이나 우울증을 완화시키고 장기적인 우주비행 동안 무중력상태에서 나타

인공지능(A.I.)

2001년 Spielberg가 제작한 이 영화를 그냥 '인공사랑'이라고 부를 수도 있다. A.I.는 진보한 휴머노이드 로봇이 인간처럼 감정을 느낄 수 있는 21세기 중반을 배경으로 한다. 그 영화의 주인공은 사랑하도록 프로그램된 안드로이드라는 아이 로봇과 남창으로 프로그램되고 Jude Law가 멋진 연기를 펼친 Gigolo Joe라는 섹스봇이다. 한 과학자는 로봇의 사랑이 그리 멀지 않았다고 생각한다('여보, 오늘밤은 안 돼요. 나를 재부팅해야 돼요.', 136페이지 참고).

나는 우주비행사의 근육피로를 예방할 것이라고 기대한다.

생각으로 작동되는 기술 덕분에, 의식은 있으면서도 감금증후군으로 자기 몸 안에 갇힌 수천 명과 사지를 잃거나 뇌가 심각하게 손상되어 전장에서 돌아온 수천 명의 삶이 바뀔 것이다. 그 덕분에 미래에는 미지의 장소(생각으로 작동하는 로봇의 '감각'을 통해 먼 우주나 아주 깊은 바다 속)에 가고 싶어하는 비장애인에게도 꿈과 같은 세상이 펼쳐질 것이다.

왜 우리 뇌가 컴퓨터보다 우수할까?

뇌 생체공학의 엄청난 진보와 가능성 덕분에 인간의 뇌와 인간이 만든 컴퓨터를 자꾸 비교할 수밖에 없다.

적어도 당분간은 우리 뇌가 어떤 컴퓨터보다 나을 것이다. 그런데 어떻게 그게 가능할까? 1000분의 1초라는 속도로 비교적 느리게(절대적으로는 빠르지만, 강력한 디지털 컴퓨터에 비해 느리다는 의미) 화학신호를 전달하는 뇌가 어떻게 아주 강력한 디지털 프로세서보다 일부 과제를 더 신속하고 효율적으로 실행할 수 있을까? 답은 뉴런 하나하나의 전기활동은 느릴지라도 뇌가 병렬적으로 작동한다는 데 있다. 즉, 뇌는 컴퓨터처럼 부호화된 명령을 실행하는 것이 아니라, 뉴런 사이의 시냅스를 활성화시킨다. 활성화될 때마다 디지털 명령이 실행되는 셈이라서, 뇌에서 초당 얼마나 많은 연결이 활성화되는지를 동일시간에 컴퓨터에서 실행되는 명령 수와 비교할 수 있다.

시냅스 활동은 경이로울 정도이다. 초당 1경 개에 이르는 신경연결이 활성화될 정도니까! 그 속도를 따라가려면, 1백만 대나 되는 강력한 펜티엄 컴퓨터에 수백 메가와트 전력이 가해져야 한다.

공학자들로 구성된 획기적인 한 공동체에서는 뉴런의 조직과 기능 복사가 상당히 진척된 상태이다. 연구자들은 신경연결 구조를 실리콘 회로로 전환하는 뉴로모픽neuromorphic 마이크로칩 개발에 대해 말한다. 이

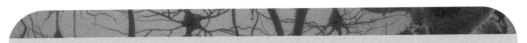

여보, 오늘밤은 안 돼요. 나를 재부팅해야 돼요.

인공지능 연구자인 David Levy는 뇌-기계 인터페이스가 훨씬 더 친숙해질 것이라고 예측했다. 그는 우리 중 일부는 그리 멀지 않은 미래에 로봇과 결혼하여 사랑과 행복을 찾게 될 거라고 진지하게 주장한다.

그는 인터넷 덕분에 직접 만나지 않고도 사랑에 빠져 결혼에 골인하는 일이 이미 가능해졌다고 말한다. 연구에서는 사회적 네트워크와 유대가 끈끈한 이들이 더 오래 살고 더 행복하다는 사실을 제시하고 있다. 그래서 그는 "외롭고 슬프고 비참하게 혼자 사는 것보다 사랑한다고 말해주고 사랑하는 것처럼 행동하는 로봇을 찾는 게 아예 더 낫지 않을까요?" 하고 묻는다.

공상과학 마니아들은 책, TV, 영화에서 인간과 인공 생명체 간의 활동을 많이 목격해왔다. 그리고 인간과 로봇의 상호작용도 점점 더 인간적으로 변해왔다. 애당초 로봇은 공장(여전히 가장 많이 사용되고 있는)의 일터에서 볼 수 있었으나, 컴퓨터를 이용한 상호작용 게임이나 다마고찌와 소니 아이보와 같은 디지털 애완동물 형태로 가정에까지 들어왔다. 사람들이 그 기계에 인격을 부여하고 이름을 붙일 정도이다.

만약에 그런 것들을 우리의 마음과 잠자리에 들인다면 어떨까? 〈로봇과의 사랑과 섹스Love and Sex with Robots〉의 저자인 Levy는 인간이 컴퓨터와 상호작용하는 방식을 연구해왔는데, 그 주제로 네덜란드의 마스트리트대학교에서 박사학위를 받았다.

영화 〈A.I.〉에서 Jude Law가 열연한 섹스봇(Gigolo Joe라는)처럼 생기고 그처럼 행동하는 휴머노이드 로봇이 아직은 요원하다 할지라도, 인격을 가진 컴퓨터는 이미 존재하고 상호작용이 가능하게 프로그램할 수 있다.

환상을 깨지 않으려고 우리가 실물크기의 인형에 대한 토론을 피하지만, Levy는 그렇지 않다. 그는 "누군가가 진동기에서 부품을 떼어 그것을 인형에 넣고 기본적인 몇 가지 전자언어를 추가한다면, 정말로 원시적인 섹스봇을 갖는 것은 시간문제입니다."라고 말한다.

그는 미국에서 매사추세츠주가 제일 먼저 로봇과의 결혼을 합법화할 것이라고 예측한다. 하지만 그는 아이러니하게도 그의 신념을 전혀 인정하지 않는 여성과 결혼했다.

연구가 성공한다면 시각장애인에게 실리콘 망막을 이식할 수 있고 청각 장애인에게는 음성 프로세서를 이식할 수 있으며, 9볼트짜리 밧데리 하나로 30년간을 버틸 수 있을 것이다. 아직은 기술적인 장애가 크지만 아주 매력적이어서(승산이 커서) 연구자들은 해결책을 모색하는 과학자들과 꾸준히 교류할 것이다.

이 분야와 우리 뇌의 미래

우리 뇌의 생체공학적 가능성에 대해 너무 흥분한 나머지, 기술적 장애와 기본적인 뇌기제에 대한 우리의 지식부족이 가려진 듯하다.

중대한 과제는 생물학적으로 호환 가능하고 내구성이 높은 이식재료를 찾고, 그런 인공부품을 가동하는 데 드는 에너지 수준을 낮추며, 그런 에너지를 만들 생물학적 자원을 찾는 것이다. 사용하다가 그 기능이 더 이상 불필요하면, 생체분해되거나 몸에 흡수될 수 있는 재료가 필요할 것이다. 그때가 되면 컴퓨터 유추를 잊어야 한다. 정보를 뇌로 옮기는 방법(기억을 이루는 많은 연결을 만드는 방법)을 밝히는 과제는 하드 디스크에 일련의 비트를 자기화하는 것과는 크게 다르다. 한 신경과학자는 책의 콘텐츠와 같이 복잡한 정보일 경우에는 뇌 전반에 걸친 많은 뇌세포의 상호작용이 요구될 것이라고 말했다.

그러나 사소한 것에서 중요한 것까지 그 가능성을 고려해보길 바란다. 뇌에 접속할 경우에는 수의운동이 불가능하던 이들이 움직이고 말하며 일할 수 있을 것이다. 그리고 그렇지 않은 이들에게는 과외의 능력을 부여할 것이다. 뉴로칩과 컴퓨터 백팩 덕분에 척추손상으로 움직일 수 없던 이들이 사지를 움직이게 될 것이다. 그렇지 않은 사람들은 도쿄여행에 필요한 관광 일본어를 다운로드할 수 있을 것이다.

미국 국립보건원이나 미국 국방부에서는 이런 연구를 상당히 지원하고 있다. 미국 방위고등연구계획국에서는 마음으로 조절하는 인공부품, 뉴로칩, 개인이 보거나 행하는 모든 것을 디지털로 캡처하는 기술 등의 뇌-기계 인터페이스 연구에 수백만 달러를 투자했다.

NASA 역시 지대한 관심을 갖고 있다. 뇌-기계 연결을 통해 외부장비를 조절할 가능성은 우주 프로그램과 같은 위험한 미래에 엄청난 영향을 줄 것이다. 그러한 기술 덕분에 로봇이 인간 대신 위험한 우주보행을 하고 더구나 버튼을 누르기마저 어려운 무중력 상태에서 복잡한 기계를 신속하고 능숙하게 조절할 것이다.

건강유지기관인 Kaiser Permanente는 이미 멤버들에게 최근의 의료기록이 담긴 플래시 드라이브를 무료로 선물했다. 그런 기록, 과거의 행동, 생각, 기억으로 프로그램한 뉴로칩을 이식하는 일은 그 다음 차례이다. 우리는 이미 애완동물, 야생동물, 그리고 인간에게 ID 칩을 이식했다.

John Donoghue는 향후 5년 안에 뇌-기계 인터페이스 덕분에 마비환자가 컵을 들어 물을 마시고 먼 미래에는 이런 시스템이 더욱 정교화되어 상부척수가 손상된 이들이 현재로서는 불가능한 일들을 무난히 해낼 것이라고 예측한다. 만일 인공부품으로 농구까지 하게 된다면, 그야말로 〈육백만불의 사나이〉가 현실이 될 것이다. 또한 중추신경계의 발달에 대한 이해 덕분에 교육자들이 최선의 아동교육 방법을 찾아 어떤 교수법이나 교육내용이 어느 시점에서 가장 효과적일지를 판단하게 될 것이다. 그 덕분에 아동은 특정 능력을 최단기간에 습득하게 될 것이다.

어떤 이들은 그 말이 인간이 기계가 될 것이라는 뜻이냐고 묻는다. 그런데 사실상, 그 말은 우리 인간의 뇌와 몸이 어느 정도 기계처럼 될 것인지에 대한 의문을 나타낸다. 적어도 심리적으로는 우리 뇌가 기계 인터페이스로 나아가고 있다. 만약 당신이 1980년대 이후 출생자라면, 항상 정보가 흐르는 전자장비와 연결되어 있는 데 익숙할 것이다.

일부 극단적인 미래학자들은 우리가 스스로를 쓸모없는 존재로 전락시킬 수 있다고 말한다. 그들은 우리를 가장 인간적이게 하는 존재인 뇌가 우리의 창조물인 컴퓨터에 뒤질 것이라고 말한다. 컴퓨터 과학자인 Ray Kurzweil은 실제로 인간이 자기 뇌의 디지털 청사진을 컴퓨터나 로

봇으로 옮겨서 마침내 불멸하게 될 것이라고 예측한다. 아주 극단적으로 Kurzweil은 21세기 중반 이후에 우리들 사이에 사이보그들이 존재할 것으로 예측한다. 이들 기계-인간 하이브리드의 등장은 만물의 영장인 인류의 종말이 시작되는 기점일 것이다. 우리의 전산제품들이 인간을 접수하여 우리 인간을 호기심으로 바라보며 이상한 종으로 여길 것이다. 또한 최신의 휴머노이드봇에 뇌를 복사(기계 복제품에 '자아'를 모조리 옮겨)하여 영생을 꿈꿀 수도 있다.

2009년에 제작된 공상과학 영화인 〈아바타Avatar〉는 또 다른 가능성을 모색한다. 복제품(혹은 아바타)에 우리 뇌를 생물학적으로 확장하여 우리 생각대로 무선 조정하고 감각정보를 보낼 수 있다. 결국 외계 행성과 같이 우리 뇌와 몸으로 직접 갈 수 없는 곳을 의식을 통해 가게 될 것이다.

당분간은 인간복제가 금지되겠지만, 인간복제는 가능하다. 살아있는 아바타를 마음으로 무선 조정하는 것도 마찬가지이다. 우리는 이미 신경 임펄스로 로봇과 컴퓨터를 무선 조정할 수 있고 뇌이식으로 동물을 무선 조정할 수 있다.

영화 〈아바타〉에 그려진 완벽하고 확실한 장비와 자유로운 마음의 융합체가 현실이 되려면, 많은 연구와 기술이 뒤따라야 한다. 이것은 여전히 먼 꿈(혹은 악몽)이다. 그러나 언젠가는 우리 뇌가 생체공학적 인공부품이나 복제품의 혜택을 받아 마음과 몸의 상처와 장애를 대부분 극복하게 될 것이다.

8장

가능한 꿈

줄기세포, 유전자치료, 나노기술

개 요

머지않아 아주 심각한 경우가 아니라면, 뇌수술은 옛 이야기가 될 것이다. 기술과 과학 분야에서는 정신분열증에서 뇌졸중과 뇌종양에 이르는 모든 것을 진단하고 치료하기 위해, 두개골을 안 열고도 우리 뇌 안을 이해하는 방법을 찾고 있다. 이런 방법 중 일부, 즉 줄기세포 연구와 유전자 대체 요법은 수십 년 동안 진행되어 왔고 심각한 위기와 논란을 겪은 후에 새로운 가능성을 보이고 있다. 하지만 한 가지, 즉 나노약물은 완전히 새로운 것으로, 이렇게 놀랍고도 새로운 연구의 산물은 극도로 미세한 입자이다.

과거: 기원전 7000년 무렵에는 대부분의 뇌손상에 대해 수수방관하거나 두개골을 절단하여 뇌영역을 제거하는 치료를 했다.

현재: 비침습적인 치료를 선호하지만, 종양, 파킨슨병, 간질, 기타 운동장애, 심지어 우울증까지 두개골을 열어 얇은 전극을 이식하는 신경외과수술로 치료한다.

미래: 수술이 거의 사라질 것이다. 나노기술을 이용해 뇌에 약물, 화학물질, 작은 수술도구를 주입해 비정상 유전자나 세포를 정상 유전자나 세포로 대체하고, 심지어 우리 뇌나 뇌세포를 아주 똑같이 복제할 것이다.

1966년에 제작된 영화인 〈마이크로 결사대Fantastic Voyage〉에서는 훌륭한 과학자가 테러범의 공격을 받고 뇌혈전으로 인한 혼수상태에 빠졌다. 그의 생명을 구하기 위해 잠수함과 선원들(60대의 섹스 심볼인 Raquel Welch를 포함한)을 일시적으로 미생물 크기로 축소시켜 그의 혈관에 투입한다. 그들은 한 시간 안에 혈전에 다가가 그것을 치료하고 몸 밖으로 나와야 한다. 그 이유는 한 시간이 지나면 그들이 원래 크기로 돌아가고 쓰러진 과학자의 면역체계가 그들을 발견해 파괴할 것이기 때문이다. 선원들은 몸 안에서 온갖 모험을 다하면서 혈전을 파괴한 후 제 시간 안에 눈물을 타고 몸 밖으로 탈출한다.

이는 이미 밝혀진 것처럼, 더 이상 공상과학이 아니다. 잠수함, 미니인간, 눈물을 타고 있는 부분은 영화 같지만, 꼭 그렇지만은 않다. 머지않아 초소형 나노로봇이 실제로 혈관을 통해 혈전부위나 기타 상처부위에 다가가 치료할 것이다.

이도 놀랍지만, 외부에서 특정 유전자의 발현 여부를 좌우하는 탐침이나 레이저로 미리 정해진 장소에 다가가 특정 단백질 분자를 활성화시키는 다른 나노기술은 훨씬 더 놀랍다. 특별한 배달과정에 대해 이야기해보자. 연구자들에게 이는 섹시 스타인 Raquel Welch보다 더 매력

혈관이 치료의 왕도일 걸!

혈액은 우리 몸의 모든 장기를 순환하기 때문에 뇌를 비롯한 온몸의 건강을 파악하는 탁월한 방법이다. 신흥기술로 극소량의 혈액이나 세포 하나까지 측정하고 진단과 치료 계획을 세운 다음 혈관을 통해 이를 운반하게 될 것이다.

　머지않아 우리는 병을 규명하고 그 위치와 아류형까지 정확히 찾아내는 단백질 불균형이나 전령 RNA 이상을 밝혀낼 것이다. 이를테면, 어떤 사람에게 뇌종양이 있을 경우, 두개골을 열지 않고도 그의 종양이 어떤 유형이고 어떤 아류형이며, 몇 단계인지, 그리고 어떤 유전자 집중치료가 가장 효과적일지를 알게 될 것이다. 그리고 의사들은 혈관을 통해 이를 비침습적으로 치료하게 될 것이다.

　연구자들은 감염 프리온을 쥐에 주사하여 프리온 병(광우병이라고도 불리는 치명적인 뇌질환)을 추적할 수 있었다. 그들은 3,000만 번이나 측정하는 특정 소프트웨어를 이용해 쥐의 뇌에 있는 전령 RNA를 분석하고 어떤 증상이 나타나기 전에 프리온 병을 예측하는 요인들을 확인했다. 다음 단계는 뇌종양과 같은 특정 발병 부위에만 강력한 약을 보내기 위해 나노입자를 만드는 것이다.

　그렇게 측정한다고 해서 항상 치료가 보장되는 것은 아니지만, 현재의 당뇨병과 마찬가지로 언젠가는 암이나 AIDS같이 치명적인 병도 약물로 치료하게 될 것이다.

적이다.

　하지만 그뿐만이 아니다! 점점 더 발전하고 있다. 쓰러진 과학자의 두개골을 열지 않고도 뇌 안에 들어가 치료하는 다른 두 가지 방법, 즉 유전자 대체 치료나 줄기세포치료가 있다. 촉망받는 이 세 가지 치료와 치료제는 비중 있게 연구되고 있고 실제로 긴밀히 서로 협력할 것이다. 즉, 유전자치료는 결함이 있거나 사라진 유전자를 대체하고, 줄기세포치료에서는 대체세포를 이용해 심각하거나 사라진 세포의 형태나 기능을 떠맡게 할 것이다. 그런가 하면 아주 미세한 것을 연구하는 나노기술은 혈류를 통해 뇌에 치료제를 보내는 방법을 연구하고 있다. 나노란 얼마나 작을까? 마이크로미터는 1미터의 백만분의 1이다. 나노미터는 1미터의 10억분의 1이다. 일반 현미경으로는 보이지 않을 정도로 아주 작다.

생물의학 연구의 여러 가지 치료목표가 유사한 것처럼, 유전자치료와 줄기세포 연구는 여러 분야에서 서로 중복된다. 둘 다 희귀한 질병인 중증복합형면역결핍증severe combined immune defiency(버블보이 병이라고도 불림) 치료에 활용되어 왔다. 줄기세포 역시 바라는 지점에 유전자를 보낼 때 활용되고, 이러한 치료에 나노기술을 활용할 수도 있을 것이다.

나노의학은 많은 이들에게 새로운 용어지만, 유전자와 줄기세포 연구는 뉴스에 단골 기사처럼 많이 등장했고 겨우 몇 십 년 되었다고 생각하기 어려울 정도로 큰 희망이 되어왔다. 그런 연구를 진행하는 데에는 많은 문제와 장애물이 있었다. 인정하건대, 엄청난 기술적·과학적 장애물이 있지만, 가장 큰 걸림돌은 윤리적·도덕적 논란이다. 버려진 인간배아로부터 얻은 줄기세포 사용에 대한 법적 반대부터 유전자 이식의 위험성과 세포복제에 이르는 논란에 이르기까지 말이다.

그런 연구로 인해 배아의 인권에 대한 활발하고 격렬한 토론이 확산되었다. 줄기세포치료가 가능할 미래의 의학적 용도를 고려한 부모들에게 수천 달러를 받고 갓난아기의 탯줄에서 줄기세포를 추출해 저장해주는 완벽한 서비스 산업도 존재한다.

줄기세포의 미래

과학자들이 처음으로 인간 배아에서 줄기세포를 확인하고 분리해낸 1998년 무렵에야 배아줄기세포 연구가 시작되었음을 자칫 망각하기 쉽다. 그 발견으로 우리 몸, 특히 뇌의 생물학적 자기재생 가능성이 커졌다.

줄기세포의 종류는 다양하지만, 모든 줄기세포의 공통점은 스스로 분열하여 복사해서 세포증식이 무한대로 일어날 수 있다는 점이다. 줄기세포는 각 세포의 고유한 조직과 기관에 맞게 발달할 수 있기 때문에, 이론적으로는 몸 곳곳의 죽은 세포나 손상된 세포를 대체할 수 있다. 가장 기본적인 유형은 우리 몸에서 어떤 종류의 세포로도 발달할 수 있는 배아줄기세포 또는 만능줄기세포와 이미 무엇으로 성장할지 정해져있는 성체줄기세포이다. 신경줄기세포는 다양한 유형의 뇌세포가 될 수 있지만, 다른 조직이 될 수는 없다. 이런 세포들을 인간에게 이식할 경우, 외상이나 질병으로 인해 손상된 뉴런을 비롯해 병들거나 죽거나 손상된 조직을 대체할 수 있다.

척수부상 치료는 줄기세포 연구의 성배였고, 어느 정도 성공을 거두었다. 2005년 과학자들은 쥐가 다친 지 7일 안에 척수에 세포를 주사해 마비된 쥐를 다시 걷게 할 수 있음을 보여주었다. 2009년 1월, FDA는 줄기세포를 이용해 인간의 척수부상 치료를 테스트하는 최초의 임상시험을 승인했다.

하지만 지금까지는 인간에게 한 가지 줄기세포치료만 승인된 상태이다. 그것은 환자의 면역체계가 파괴되면 기증자가 환자에게 이식한 골수세포로 환자의 면역체계를 재건하는 골수이식이다. 그 과정은 아주 위험해서 수여자의 새로운 면역체계가 가동할 때까지 환자를 전염병과 철저히 격리시켜야 함에도 이는 수천 명에게 성공적이었다.

세계 곳곳의 연구센터에서는 실행 가능한 줄기세포치료를 연구하기 위해 수십 억 달러를 투자하고 있다. 주요 줄기세포 연구는 샌프란시스코의 캘리포니아 재생의학연구소CIRM에서 진행 중이고, 그 연구소는 주립대학교와 연구소의 연구를 지원하는 캘리포니아 자금 중 30억 달러를 확보하고 있다. 그 연구소에서는 신경퇴행성 질환이 있는 동물들에게 줄기세포를 성공적으로 이식했다고 보고했다. 그들은 파킨슨병이 있는 쥐들의 이상한 걸음걸이를 고쳤고, 알츠하이머 질환으로 인한 기억손실을 향상시켰으며, 헌팅톤병으로 인한 뒤뚱거림을 없었다. 신경 세로이드 리포푸스신증이라는 치명적인 신경퇴행성 질환이나 바텐병 말기인 6명

줄기세포를 이용한 뇌졸중 치료

최근 연구에서는 뇌졸중을 겪은 지 얼마 안 된 쥐의 뇌에 줄기세포를 주사하여 뉴런손 상을 60%나 줄일 수 있다고 제시했다. 하지만 이전의 생각과 달리, 줄기세포는 손상된 신경세포만을 대체하지 않는다. 오히려 미세아교세포라는 뇌의 면역세포에 영향을 주 는데, 뇌졸중 동안 그 세포가 과잉 활성화되어 건강한 조직을 공격하고 파괴한다. 쥐 실험에서는 줄기세포가 미세아교세포를 진정시켰고 그들의 공격을 중지시켰다. 치료 받은 쥐는 치료받지 않은 쥐에 비해 일련의 움직임, 인지, 행동 검사에서의 수행이 더 우수했다.

의 아동을 대상으로 임상실험을 진행 중이며, 초반에 어느 정도 성공을 거두고 있다. 이 치료에서 가장 큰 과제는 우선 적절한 유형의 세포를 충 분히 얻고, 그 세포를 뇌의 해당 부위에 보내며, 그 세포들이 돌연변이되 거나 암을 유발하지 않도록 그 세포를 잘 관리하는 것이다. 일부 줄기세 포 이식자들에게는 거부 반응이 일어날 수도 있다.

망막줄기세포의 가능성

줄기세포는 어른에게도 존재한다. 사실, 우리에게는 다양한 유형의 뇌세 포가 될 수 있는 신경줄기세포가 있어서, 시각장애에서 파킨슨병, 척추 손상에 이르는 질병치료에 활용할 수 있다. 하지만, 2009년 세계줄기세 포정상회의에서 뉴욕 신경줄기세포 연구소의 창립자인 Sally Temple은 이런 세포가 뇌 깊숙한 곳에 위치한 해마에서 생성되기 때문에 연구자들 이 그 세포를 구하러 깊숙한 곳까지 파헤치기를 꺼린다고 말했다.

하지만, Temple과 동료 연구자들은 신경계의 여러 부위가 분화되기

전인 수정 후 30~50일 무렵 망막 하반부에 생기는 조직층인 망막색소상
피RPE에서 접근이 더 용이한 다른 신경줄기세포 후보자를 발견했다. 그
녀는 망막수술에서 보통 버리는 망막체액으로부터 그 세포를 얻을 수 있
기 때문에, 구태여 배아에서 얻을 필요가 없다고 말한다.

그녀의 팀에서는 RPE 세포를 배양한 다음, 그 세포가 다수의 다양한
시각세포와 기타 신경세포가 될 가능성이 있음을 보여주었다. 놀랍게도
연구자들은 기증된 시체 눈을 대상으로 연구하던 중, 99살 된 눈에서 나
온 세포가 22살 된 눈에서 나온 세포만큼 가소성이 풍부하다는 점을 발
견했다. 그녀는 그 세포들이 '휴면상태로 있었기' 때문에 유연성이 비슷
한 것이라고 말했다.

다른 연구자들은 광수용체 세포가 될 완벽한 줄기세포를 찾고 있고,
시각장애를 위한 유전자치료도 진전을 보이고 있다. 미래에는 결합치료
가 가장 효과적일 것이다. 이렇게 줄기세포 연구가 시각과 다른 신경장
애 개선을 위해 계속 발전하고 있지만, 유용한 치료법은 아직도 몇 년 내
지 수십 년이 걸릴 것이다. 이러한 와중에도 인공망막은 많은 이들에게
도움이 되고 있다.

유전자치료의 전망

1990년대에 유전자치료는 의학 분야에서 임박한 혁명으로 일컬어져 왔
는데, 그 이유는 질병의 유전적 뿌리까지 공격해서 말 그대로 다 망가진
유전자를 치료할 수 있기 때문이다.

유전자치료에서는 기능적이고 건강한 유전자가 죽거나 아프거나 돌
연변이 된 유전자를 대체하거나 질병에 맞설 새로운 유전적 명령을 내린
다. 약하거나 활동성이 낮은 바이러스를 통해 환자의 세포에 새로운 유
전자를 이식한다. 이는 그 유전자를 직접 대체하는 것이 아니라, 오히려
최적의 뇌기능에 필요한 단백질이나 기타 화학물질을 만들 유전자를 대
체하는 것이다.

하지만 초창기 연구결과는 대대적인 홍보에 부응하지 못했고, 지난 십 년 동안 유전자치료는 심한 타격을 받았다. 18살 소녀가 예기치 못한 심각한 면역반응으로 실험 도중에 사망했던 1999년에 큰 희망이 무너졌다. 또한 유전자치료로 다른 세 명이 백혈병에 걸리게 되었다. 추후 연구에서 치료탓이 아니라는 사실이 밝혀지기는 했지만, 2008년에는 일리노이에서 류마티스 관절염으로 치료를 받던 36살 여성이 사망했다.

암, 유전질환, HIV/AIDS를 비롯해 아주 다양한 질환에서 여전히 유전자치료 제품을 연구하고 있다. 현재로서는 미국에서 FDA 승인을 받은 유전자치료 제품이 없지만, 진행 중인 800건 이상의 실험에서는 낙관론을 제시하고 있다. 12건의 암치료와 심장치료는 임상실험의 최종 단계에 있다. 의사들은 파킨슨병에 대한 초창기 실험에서 유망한 결과를 발표했다. 펜실베이니아대학교에서는 선천적 시각장애가 있는 개 70마리의 시력을 찾아준 치료법을 인간에게 실험 중이고, 8개 연구팀은 새로운 HIV 치료법을 테스트할 준비를 하고 있다. 중국에서는 두 개의 암치료법을 승인했지만, 그 효능은 아직 불확실하다. 유럽과 일본의 보고서에서는 유전자치료가 파킨슨병을 앓고 있는 몇몇 환자들에게 도움이 되었다고 발표했다. 2009년 일본 지치의과대학교에서 보고된 사례에서는 도파민 유발 효소를 바이러스에 저장했다가 뇌에 주사했을 때 6명의 환자 중 5명에게서 운동기능이 향상되었다고 한다.

오늘날 대부분의 유전자치료 연구는 헌팅턴병, 파킨슨병, 루게릭병을 비롯한 최악의 신경질환과 같은 유전적인 유전자 질환과 암을 목표로 하고 있다. 과학자들은 이들 질환이 각기 단일 유전자에 기인함을 알고 있다. 하지만 그들은 대부분의 신경질환과 심리질환이 여러 가지 유전자와 관련될 가능성을 찾고 있다. 정신분열증, 알츠하이머 질환, 심지어 만성 우울증은 여러 가지 유전자와 관련되기 때문에 그 유전적·후성유전적 근거를 찾기가 아주 어렵다. 따라서 대부분의 뇌질환에 적합한 효과적인 유전자치료를 개발하기까지 얼마나 오래 걸릴지 알 수 없다.

유전자 강화제

우리 몸의 각 세포에는 유전적 알파벳인 30억 쌍의 DNA 염기로 구성된 인간 게놈의 완벽한 복사본이 담겨 있다. 이 '알파벳 철자들'은 세포와 조직을 가동하는 명령인 25,000개의 유전자를 암호화한다.

각 세포 안의 유전자들은 운반이 더 용이한 형태로 전사된다. 즉, 각각의 전령 RNA 조각은 명령에 따라 아미노산 사슬을 대량으로 생성하는 RNA 해독세포에 그 명령을 전달하기 때문에 그렇게 불린다. 나아가 이들 아미노산 사슬은 단백질 즉, 대부분의 일상적인 기능을 실행하는 3차원 분자기계로 접힌다.

생물학적 체계에서는 단백질 네트워크끼리나 세포 내 다른 분자들과의 상호작용을 통해 이 모든 '데이터'가 전송, 처리, 통합, 실행된다. 무언가가 네트워크의 정상적인 프로그래밍을 동요시킬 경우 질병에 걸린다. 이는 부호화된 명령을 바꾸는 무선적인 DNA 변화처럼 생물학적 체계의 결함 때문일 수도 있고, 외부에서 변화를 야기하는 환경적인 영향 때문일 수도 있다. 가령, 자외선 복사는 흑색종을 일으키는 DNA 손상의 원인이 될 수 있다.

정서적·외상적 경험으로 인해 어떤 질병과 관련된 비활동적 유전자가 발현될 수 있다는 점에서 정서도 유전자에 영향을 미칠 수 있다. 동물연구 결과에서는 스트레스를 유발하는 괴롭힘이나 학대가 유전자 발현에 영향을 줄 수 있음을 보여주었다. 따라서 질병의 유전학적 근거란 우리가 유전받은 것만을 의미하는 게 아니다. 그 이유는 조상에게 받은 유전적 요인 중 일부는 잠재적이거나 열성상태라서 우리 삶에 직접 영향을 미치지 않기 때문이다. 우리의 건강과 행복을 결정하는 것은 활성화된(과학적으로 말하자면, 촉발되고 발현된) 유전자인 것 같다.

나노의학

물리학자들은 반세기 전부터 나노의학을 상상해왔지만, 실제로 연구된 것은 10년 정도밖에 안 되었다.

이는 의학, 공학 및 물리학을 새로이 결합한 것으로, 많은 질환의 치료방식을 바꿀 것이다. 나노기술은 분자수준의 기능적인 시스템공학이다. 이는 치료를 위해 단백질, 약물 또는 기타 물질 등의 분자를 뇌에 보낸 다음, 발작, 떨림, 우울을 멈추기 위해 유전자 발현을 조절하는 기술개발을 의미한다.

여기에서 우리가 논의하기에 너무 복잡한 주제인 생물학적 체계뿐만 아니라, 소형의 나노 엔진이나 로봇 '기계' 생산도 이 분야에 속한다. 나노는 십억 분의 1미터로, 그렇게 작은 수준에서는 약간 독특하고 놀라운 물리적 특성이 적용된다는 사실을 기억하기 바란다.

의학에서는 나노기술을 약물전달 방법뿐만 아니라 약물전달 도구로 사용할 수 있다. 유전자치료와 마찬가지로, 암세포를 정확히 겨냥할 수

혈뇌장벽도 넘는 치료제

혈뇌장벽을 넘어 약물을 전달하는 것이야말로 뇌질환 치료에서 가장 유망한 나노기술 적용 분야이다. 우리 뇌에는 침입자에 대항하는 방어벽이 있다. 즉, 혈뇌장벽이 있어서 박테리아 등 혈액 속에 있는 대부분의 물질이 뇌 안으로 들어가지 못한다. 이를 통해 뇌를 씻고 보호해주는 안전한 액체인 뇌척수액과 혈류가 분리된다. 혈뇌장벽에서는 일부 분자, 단백질 및 화학물질(이를테면, 바르비투르산염)이 그 장벽을 넘게 내버려둔다. 과학자들의 과제는 다른 물질을 차단하는 동시에, 혈뇌장벽을 넘어 아픈 뇌영역으로 약물을 보내는 방법을 연구하는 것이다. 나노의학이 그 문제를 해결해줄 것이다.

있다. 나노입자는 유전물질, 백신, 약물 등 포획 가능하고 포장 가능한 어떤 물질이라도 해당 지점에 전달한다.

나노전달체에는 단순한 지질막(세포막과 같은 물질로 구성된 작은 구인 리포솜)이 있어서, 종양이 있는 혈관벽을 살짝 통과한 다음, 신경조직에 전통적인 화학치료 약물을 서서히 분비한다. 하지만 최신의 나노입자는 복잡한데, 종양부위의 단백질과 물질을 표적으로 하는 항체인 외부 요소가 있어서 나노입자가 건강한 조직에 미치는 영향을 최소화한다.

나노기술은 외과수술과 화학치료나 방사능치료(건강한 조직에 상처를 입힐 수 있는)를 하지 않고도 뇌종양을 치료할 수 있다는 엄청난 가능성을 제시했다. 나노입자는 세포보다 작지만 분자보다는 크기 때문에, 특정 단백질과 결합하려는 분자 덩어리를 운반하여 필요한 곳에만 약물을 전달할 수 있다.

인간의 암 대상 실험에서, 종양에 축적하려고 만든 나노입자 안의 화학치료 약물이 일부 암환자들에게 효과적이었다. 다시 말해, 표적된 종양이 상당히 줄었던 것이다. 최근의 한 연구에서는 연구자들이 쥐의 종양에 금조각으로 채워진 나노입자를 보낸 다음, 주변의 건강한 조직에는 영향을 주지 않고 종양만을 위해 금속의 온도를 약간 올릴 정도의 약한 열을 가했다.

아주 작고 정밀한 덩어리란 화학요법이나 기타 유독성 약물을 덜 사용하고 부산물도 더 적다는 의미이다. 실제로, 급성 암치료 후에 암이 재발되는지를 지켜보며 기다리기보다 현 상태에서 나노입자를 통해 이러한 약을 극소량 투여하는 것이 낫다.

줄기세포를 정확한 부위로 보내거나 그 활동을 촉진하려 할 때에도 나노입자를 활용할 수 있다. MIT에서 진행된 최근의 쥐 실험에서는 손상된 혈관조직의 재생을 자극하기 위해 이중치료를 통해 혈관내피세포 성장인자의 생성을 촉진하는 유전자를 운반했다.

2010년 미국 국가나노기술전략의 예산안에서는 의학 및 기타 연구와 응용을 위해 16억 달러를 투자했다. 건강하던 분자가 병에 걸리든 병이 있던 분자가 건강해지든 분자변화를 더 파악할 경우, 분자수준의 질환치료에서 나노입자의 역할이 한층 더 커질 것이다.

이 분야와 우리 뇌의 미래

이 장에서 탐색한 치료법에 대한 기대는 크다. 가장 두려운 유전적 신경질환을 유전자 대체나 줄기세포로 치료할 수 있고, 사망원인 3위이자 주요 장애요인인 뇌졸중으로 인한 피해가 악화되기 전에 줄기세포로 완화시킬 수 있다. 또는 나노기술로 그 피해를 예방하거나 치료할 수 있다. 줄기세포나 유전자 대체는 알츠하이머 질환 등으로 손상된 뇌를 치료할 수 있을 것이다.

더욱이 미래에는 당뇨환자들이 혈당검사를 할 때 사용하는 장비처럼, 즉시 결과가 나오는 휴대용 바늘통각검사로 건강의 여러 측면을 검사하게 될 것이다. 나노기술자들은 나노의학으로 가능한 기술의 초소형화로 추후 작은 혈액방울이나 심지어 세포 하나로도 진단이 가능하고 검사비용도 아주 저렴할 것으로 예측한다. 새로운 뇌연구에서 뇌를 상호관련된 회로인 광범위한 체계로 인식하는 것처럼, 이들 기술 덕분에 신체를 개별적인 부분이 아니라 상호작용하는 분자 네트워크 체계로 인식하게 될 것이다. 이러저러한 진보로 질병의 전체적·분자적 기반에 대한 이해와 그로 인한 질병치료 방법이 향상될 것이다. 전문가들은 각 약물 자체의 방출속도를 이용해 특정 뇌영역으로 전달할 수 있는 치료체계 개발을 연구하고 있다. 신체부위에 화학치료를 할 때 이 체계를 활용한다면, 우리 뇌가 케모브레인이라는 부작용으로 인한 멍한 사고와 기타 인지적 피해를 겪을 필요가 없을 것이다.

유기체, 장기, 세포와 똑같은 DNA 복제품을 만드는 과정인 복제는 윤리적·법적으로뿐만 아니라, 과학적으로도 현실이 될 것이다. 세포나 장기 복제는 적어도 수백만 명에게 유익하고 실제로 접근 가능할 것이다. 실제로 줄기세포는 재생하면서 스스로 '복제'한다. 영화 〈아바타〉

에서처럼 유기체 자체, 떠나버린 사랑스러운 강아지, 사망한 친구 또는 자신의 뇌복제는 또 다른 문제이다. 인간 배아나 동물 배아의 복제에 대한 요구가 있어왔고, 꽤 많은 비용을 받고 애완견을 복제하는 서비스를 제공하고 있다. 하지만 우려되는 점도 있다. 양 Dolly가 기억나는가? 돌리는 어린 나이에 죽었는데, 사인에 관한 여러 추측들 중 하나는 노화된 DNA로 인해 복제양이 나이에 비해 일찍 죽었다는 것이다.

엄청난 윤리적 논란 때문에 우리 생애 안에는 인간 자체(뇌 전체)의 복제가 일어날 것 같지 않다. 하지만 누가 알겠는가? 연구가 엄청난 속도로 진행되고 재정이 지원된다면 미래에는 엄청난 미지의 세계가 펼쳐질 것이다.

9장

신경윤리학

부정적 측면 직면하기

개 요

일부에서는 신경윤리학 분야가 1960년대, 그야말로 적시에 출현했다고 말한다. 신경과학의 미래가 대부분 여전히 미지의 상태지만, 한 가지만은 놀라우리만큼 확실하다. 즉, 신경과학이 눈에 띌 정도로 응용되어 많은 변호사, 법조인, 철학자, 윤리학자들이 앞으로 한참 동안 바빠질 것이다. 새로운 과학에서 제기하는 문제와 이슈는 공정성, 시민권, 사생활, 도덕성, 그리고 인간이라는 존재의 본질과 관련된다. 우리는 상당히 흥미진진한 시대와 소송을 향해 나아가고 있는 듯하다.

The Scientific American **Brave New Brain**

과거: 새로운 치료와 기술은 골치 아픈 윤리문제를 야기했다. 누가 희귀한 허브, 백신, 수술, 장기이식을 받아야 하는가, 또는 누가 인명구조를 위한 응급의료에서 우선 순위가 되어야 하는가? 임상실험에서 이들에 대한 안전보장이나 비밀보장이 거 의 없었음에도 소송이 별로 없었다.

현재: 신경윤리학은 낙태, 배아줄기세포 활용, 유전자검사, 신경영상(뇌질환, 범죄성향 또는 정신결함을 예측하는) 등의 윤리적 이슈에 관심을 갖는 분야이다. 소송(신경 소송이라고 해야 할까?) 역시 많은 관심을 불러일으키고 있다.

미래: 뇌 관련 지식과 기술이 쇄도하면서 이전에는 결코 접하지 못했던 이슈와 윤리적 문제가 제기되고 있다. 이런 이슈와 문제가 예전에는 결코 상상도 못했던 방식으 로 법적 권리의 핵심이자 뇌치료의 대안이 되고 있다.

신경과학과 신경기술의 확대로 우리 모두에게 놀라울 정도의 잠재적 혜 택이 생기는 동시에, 윤리적 활용과 관련된 곤란한 문제도 야기될 것이 다.

이슈가 워낙 대단해서, 거의 모든 연구 중심 대학교에서는 그 분야의 연구에 많은 투자를 했다. 이처럼 현재와 미래의 딜레마를 연구하는 많 은 조직 중 하나로 맥아더 재단MacArthur Foundation을 들 수 있다. 40명의 신경과학자, 법률전문가, 철학자들이 법 및 신경과학과 관련된 맥아더 재단의 천만 달러짜리 프로젝트에 참여하고 있다. 이들은 범죄의 책임문 제, 범죄행동 예측, 다양한 치료법, 정신병리와 약물중독 문제뿐만 아니 라, 이런 것들이 법적 의사결정 상황에서 책임, 처벌 및 신경과학 활용과 관련된 우리의 지식에 어떤 영향을 줄지를 연구하고 있다.

의료 윤리학자들이 직면해 있는 주요 쟁점이 전혀 새로운 것은 아니 다. 사실, 일부 쟁점은 인류 출현 이래 존재해왔고, 철저히 인도적인 치 료법에 바탕을 두고 있다. 어째서 우리가 그리되었는지를 실감할 정도로 권력자들은 인간을 부당하게 이용하고 상처를 입혀왔다.

20세기에 특히 악명 높았던 세 가지는 다음과 같다.

- 나치 과학자와 의사들이 범죄자들이나 장애인들에게 자행한 실험
- 1942년에 미국 알라바마 주의 터스키기에서는 매독에 걸린 399명의 빈곤층 흑인 소작인들을 모집했다. 물론 그 당시에는 매독 치료법이 없었다. 그러다가 연구 기간 동안 효과적인 치료법이 발견되었지만, 과학자들은 연구를 계속하기 위해 피험자들에게 치료법을 적용하지 않았다. 초기 피험자들 중 일부는 그 병으로 죽음에 이르렀다.
- '정신박약'으로 판별된 이들을 그들의 의지와 달리 불임시켰고, 20세기 후반까지도 원하지 않는 끔찍한 심리외과수술이 계속 자행되었다. 1949년에는 전두엽 절제술 개발자가 노벨상을 수상했다.

최신의 쟁점은 유전자 검사와 관련된 사생활과 자신의 신체부위, 혈액, 조직, 유전자에 대한 소유권이다. 새로운 기술의 공정한 분배 역시 시종 주요 쟁점이 될 것이고, 유전자치료의 윤리적 활용을 둘러싼 논란과 배아줄기세포에 관한 시민권이나 법적 권리와 관련된 논란이 계속되고 있다.

그러나 신경기술의 진보로 윤리적 사안에 대해 많은 관심이 일게 되었다. 뇌를 이해하고 연구하기 위해 사용되는 기술이 부당하게 활용될 수도 있다. 가령, 살아있는 뇌의 기능방식에 대해 많은 것을 보여주는 뇌 스캔은 보상범위는 말할 것도 없이 행동, 질환, 인지수행, 지능 및 성격까지 예측하고 통제하거나 변화시킬 기회를 제공한다. 실제로 스탠포드대학교 법과대학 교수인 Hank T. Greely는 많은 쟁점들이 사생활, 공정성, 시민권 등의 법적 권리, 동등한 사람들로 구성된 배심원의 재판을 받을 권리, 고비용의 최첨단 치료법에 접근할 동등한 기회와 관련된다고 말하고 있다.

〈사이언티픽 아메리칸〉의 편집자들은 그들이 다음과 같은 질문을 받았던 2003년 이래로 이에 대해 숙고해왔다. 만약 기계가 우리의 생각을

맨츄리안 켄디데이트

걸프전 참전용사인 Ben Marco 소령은 전쟁이 끝난 후 12년이 지난 지금까지도 늘 악몽에 시달린다. 자신의 전우들도 똑같은 악몽을 꾸고 있다는 사실을 알게 된 그는 자신의 분대원들이 세뇌당했을지도 모른다는 의혹을 갖게 된다. 걸프전 당시 그의 부하였던 Raymond Show는 명망있는 정치가 집안의 자손으로 전쟁터에서 혁혁한 무공을 세워 훈장을 받고 전역한 후 지금은 정치계에 입문한 상태이다. Raymond의 어머니이자 상원의원인 Elinor는 책략과 권모술수에 능한 철의 여인이다. 그녀는 온갖 수단과 방법을 가리지 않고 아들을 부통령 후보에 앉혔지만, 정작 Raymond는 자신의 삶을 좌지우지하는 어머니에게 반감을 품고 있다. 그런 그의 앞에 12년 전 자신의 상사였던 Marco가 나타난다. Marco는 걸프전에서 함께 싸웠던 분대원들 모두가 악몽을 꾸다가 대부분 사망했음을 얘기하며, Raymond도 악몽을 꾸지 않는지 물어본다. Raymond는 이를 부인하지만 그 역시 악몽에 시달리던 중이었고, 누군가 자신의 마음을 조종하고 있다는 의혹을 갖는다.

읽을 수 있다면 어떤 종류의 사생활 보호장치가 필요할까? 나쁜 생각을 한 것만으로도 법정에서 유죄선고를 받게 될까? 아니면 최악의 경우에는 암울한 공상과학 영화인 〈마이너리티 리포드Minority Report〉에서처럼, 범죄가 일어나기 전에 예지자가 이를 예측하여 '가해자'를 처벌할까?

인지강화제가 빈부차이를 악화시킬까? 아니면 인지강화제가 사회적 다양성을 역사적 유물로 간주해버릴까? 만약 우리가 신경영상으로 도덕성의 생리적 기반을 추론한다면 어떤 일이 생길까? 그건 그렇고, 자유의지에 어떤 일이 생길까?

칼럼니스트인 William Safire는 '신경윤리학' 이라는 용어를 대중화시켰다. 2002년 5월 스탠포드대학교에서 이 신생분야에 대한 첫 번째 컨퍼

런스가 열리면서, 신경과학의 윤리를 다룰 전략을 세우기 시작했다. 신경기술과 관련된 도덕적·사회적 이슈가 너무 많아 윤리학자가 최고의 유망직종에 이를 정도이다. 그러나 우리에게 정말로 하위학문의 또 다른 하위분야가 필요할까? 이미 우리에게는 Aristotle와 Hippocrates 이후 줄곧 포괄적인 분야를 이루어왔던 생명윤리가 있지 않은가?

대답은 '그렇다' 이다.

말 많은 줄기세포

배아줄기세포ESC에 대한 공개토론이 거의 끝나간다고 생각하는 사람이라면 누구나 깜짝놀랄 것이다. 사실, 2009년 Barack Obama의 취임 후 ESC 연구 공동체에 다시금 행복한 나날이 찾아온 것처럼 보였다. 미국 FDA에서는 ESC 기반 치료(척수손상에 대한)의 첫 단계 임상실험 적용을 허가했다. 또한, Obama 대통령은 연방 지원의 ESC 연구에 대해 2001년 전임 대통령이 가했던 규제를 풀어주었다. 연방정부의 기금을 받고 있는 실험실에서는 다시금 그들이 원하는 줄기세포 연구(일부 중요한 규제는 남아 있었지만)를 마음껏 할 수 있게 되었다. 마침내 과학자들은 그들이 애타게 추구해왔던 것을 대부분 얻게 되었다.

그러나 싸움은 끝나지 않았다. 2009년 3월, George W. Bush 전 대통령의 생명윤리 자문위원회 18명 중 10명이 Obama 행정부의 정책을 비윤리적이라고 비판하는 보도자료를 냈다. 대통령의 실행명령이 있던 며칠 뒤, 미국 조지아주의 상원위원회는 ESC를 위한 의도적인 배아발생을 금한 인간배아의 윤리적 취급법안을 승인했다.

우리가 동일한 것에서 더 많은 것을 기대할 수도 있다. 줄기세포 연구는 낙태, 여성의 생식자율권, 그리고 개인의 권리와 공중도덕 개념 사이의 갈등을 둘러싼 커다란 정치게임판에서 계속 볼모 역할을 해왔다. 그래서 연구자들이 10년이나 중단된 효과적인 줄기세포치료의 장애물을 극복하기 위해 꾸준히 노력해왔지만, 이 분야에 대한 지속적인 논쟁이 가장 큰 걸림돌이 될 것이다.

뇌스캔이 진실을 밝힐 수 있을까?

누군가가 거짓말을 하고 있는지를 아는 방법은 우리들 대부분에게 큰 관심사이고 특히, 변호사들은 뇌스캔이 법정에 도입되기를 애타게 기다리고 있다. 범죄의 증거를 찾고 있는 법집행 대리인들이나 잠재적 배우자의 생각과 마음을 알고 싶어하는 싱글들 역시 마찬가지이다.

그러나 현재의 뇌스캔이 진실을 말해주거나 있는 그대로의 사실을 말해줄 정도로 정확하다고 확신하는 사람은 거의 없다. 심지어 TV쇼 〈내게 거짓말을 해봐Lie to me〉의 과학 자문을 담당하고 얼굴표정인식의 대가이자 심리학 명예교수인 세계 최고의 거짓말 사냥꾼 Paul Ekman 역시 마찬가지일 것이다. 우선, Ekman은 대부분의 연구설계가 잘못되었다고 말한다. 이는 실험 참가자들이 거짓말을 하거나 진실을 말해서 잃는 것이 아무것도 없기 때문이고, '거짓말' 이라는 용어 자체도 사람들에게 의미하는 바가 달라 그 전제가 왜곡되기 때문이다.

많은 전문가들은 기술이 그다지 정확하지 않다는 데 동의한다. 오늘날의 뇌스캔은 우리의 몸과 마음이 행하고 느끼는 것에 따라 우리 뇌가 활성화되는 부위를 보여주지만, 그것이 뭘 의미하는지나 심지어 거짓말에 대해 거짓으로 보고하고 있음을 꼭 알려주는 것도 아니다. 가령, 우리의 편도체가 활성화된다. 이는 정확히 무엇을 의미하는가?('뇌스캔의 한계', 99페이지 참고)

현재 거짓말 탐지법의 정확도는 100%에 이르지 못한다. 현재 브리티시컬럼비아대학교의 Greely와 Judy Illes는 2007년 〈미국 법과 의학 저널〉에 실린 주요 논문의 공동 저자로, MRI 연구의 문제와 결함을 탐색했다. 그 시점까지 수행된 거짓말 탐지 연구에서, 이들은 fMRI의 정확도가 현재의 거짓말 탐지기보다 나음을 증명하지 못했다. 그 후 매년 MRI 연구에 관한 수천 편의 논문이 출판되었고, 대부분의 글은 MRI에 대한 평가를 바꾸는 데 기여하지 못했다.

게다가, 뇌스캔을 속일 수도 있다. 사람들은 fMRI에 '읽혀지기를' 바라는 '사실'이나 정서를 강하게 생각해서 그 절차를 왜곡할 수 있다. 다양한 인물표현에 능한 배우와 반사회적 인격장애자를 비롯한 그 밖의 사람들도 뇌스캔을 조작할 수 있다.

아픈 뇌 때문이야!

우리가 읽고 들은 것과는 달리 현재(이 글을 쓸 당시) 미국 법정에서 뇌스캔은 허용되지 않고 있다. 그리고 많은 법률 전문가들은 많은 이슈들, 특히 생각과 정서를 보여주는 뇌스캔의 정확도에 대한 이슈가 명확해질 때까지 허용되지 않기를 바라고 있다. 하지만 뇌스캔에서 사이코패스의 뇌와 폭력 성향의 뇌가 일반인들의 뇌와 다르다는 사실을 보여주기 때문에, 영화 〈마이너리티 리포트〉(범죄가 일어나기 전에 초능력자가 범죄를 확인하는 것)에서처럼 범죄가 일어나기 전에 범죄 가능성이 있는 사람들을 체포하여 수감할까? 뇌스캔이 불법적인 압수수색을 금하는 미국 헌법 수정조항 4조나 자기부죄를 금하는 수정조항 5조를 위반하는 것일까?

마이너리티 리포트

2002년에 제작된 이 영화에서는 2054년의 워싱턴 D.C.에 전문 사전범죄 예방국이 있어 살인이 많이 일어나지 않는다. 전문 사전범죄 예방국은 3명의 초능력자가 제공하는 사전 지식을 기반으로 범죄가 일어나기 전에, 범죄 가능성이 있는 자를 판별하고 체포한다. 그러나 사전범죄 예방국의 책임자(Tom Cruise 분)가 살인 가능성이 있는 사람으로 잘못 지목되자, 그 시스템이 오류가 있는 것으로 밝혀지고 그 실체가 드러나기 시작한다. 폭력 성향이 있는 뇌스캔을 바탕으로 이와 비슷한 사전범죄 예방국이 생길 수도 있지 않을까?

뇌스캔 사업

사업가들은 뇌스캔으로 한 밑천 잡을 방법을 찾았다. 가령 뇌지문Brain Fingerprinting이라는 이름의 회사를 예로 들어보자. 사실 '뇌지문'은 논란의 여지가 많은 기법의 명칭이기도 한데, 이 기법의 사용자들은 단어, 어구 또는 그림에 대한 뇌파반응을 측정하는 EEG(뇌전도)로 특정 정보가 어떤 사람의 뇌에 저장되어 있는지 여부를 알 수 있다고 주장한다. 뇌지문 발견자들은 뇌에 저장된 세부적인 범죄사항처럼 뇌가 이미 알고 있는 정보를 처리하는 과정이 EEG상에 특정 패턴으로 나타난다고 주장한다. 이 회사의 설립자가 실시한 일련의 연구에서는 이 기술의 정확도가 높다고 주장하지만, 과학자들과 변호사들은 이에 회의적이다. 2008년 인도의 살인사건에서는 EEG와 유사한 뇌전기진동신호분석brain electrical oscillation signature profiling이라는 기법에 바탕을 둔 증거를 수용하여 두 명에게 종신형을 선고했다.

그러나 그것은 노 라이 MRINo Lie MRI사나 세포스Cephos와 같은 기업체에서 수시로 제공되는 더 정확하고 멋진 MRI와 fMRI 스캔 때문에 빛을 잃었다. 사실, 세포스(적어도 잠시 동안은)는 법정에서 뇌스캔을 사용하고자 하는 이들에게 무료로 뇌스캔을 제공하고 있다.

법정에서 MRI를 형사재판의 선고단계에 사용하고 있다. 이 경우에는 뇌손상이나 뇌이상이 피고의 범죄의도 형성을 예방할 수 있는지 보여주려고 MRI를 사용한다. 그런데 이는 또 다른 논란을 불러왔다. 만약 뇌가 손상되었다면, 그 뇌 주인이 자신의 절도, 약물중독, 소아 성도착, 살인과 같은 행위를 책임져야 할까? 손상된 뇌는 그 주인이 자기 의지대로 할 수 없다는 것을 의미하는 것일까? 만약 그렇다면, 우리의 형사재판제도는 어떻게 되는 것일까?

법학과 신경윤리학 분야의 Greely와 동료들은 뇌스캔의 전반적인 영향이 우리 생각보다 미미할 것이라 생각한다. 그는 "본인의 의지가 아니었을 수도 있지요. 하지만 범죄자를 수감해야 다른 이들이 피해를 보지 않지요."라고 말한다. 그는 피고가 행동을 제어할 수 없었던 각 판례에 약간의 영향을 주겠지만, 주로 선고할 때 영향을 미칠 것이라고 생각한다. 어쨌든 자세한 사항은 시간이 말해줄 것이다.

비단 형사법정만이 스캔을 필요로 하는 유일한 법적 공간은 아니다. 신체상해 보상소송이나 민사사건의 미래와도 관련될 것이다. 매년 신체적·정신적 고통에 대한 수많은 청구소송과 고발로 신체상해보상, 산업재해보상, 민사소송 등의 법정에 갈 것이다. 만약 명백한 물질적 증거가 없다면, 고통 관련 피해로 고소한 사람은 합의를 위해 설득력 있는 증거에 의존할 수밖에 없고, 판사와 배심원들은 진실파악을 위해 노력해야 할 것이다. 소송 청구인이 사건을 과장하거나 철저히 거짓말하는 경우도 다반사이다. 결국, 고통은 주관적이고 뇌에도 나타난다. 만약 MRI에서 어떤 사람이 고통받고 있는지 여부(얼마나 고통받는지도)를 보여줄 수 있다면, 이는 판결에 결정적일 것이다.

그러나 Greely는 틀림없이 마음을 읽는 스캔을 왜곡하는 방법이 있을 것이라고 말한다. 가령, 어떤 사람은 아마 신장결석이나 맹장염에 걸렸던 때와 같은 과거의 고통을 생생하게 떠올림으로써 검사결과를 속일 수도 있을 것이다.

사생활, 편견, 자기부죄

스캐너를 다루는 사람이 우리의 건강상태 및 정체성을 비롯해 가장 깊숙한 비밀을 읽을 수 있다면, 우리 뇌가 어떻게 비밀을 유지할까?

살아있는 뇌를 찍는 정교한 영상에서 실시간으로 행동 및 건강과 관련된 뇌영역에 대한 정보를 더 보여주게 되면서, 이 정보가 어떻게 사용될 것인지에 대한 우려가 제기되고 있다. 현재로서는 증상이 나타나기 전에 스캔으로 알츠하이머 질환이나 정신분열증과 같은 일부 질환의 징

후를 보여주지만, 미래에는 한층 더 많은 것을 보여줄 것이다. 보험회사에서는 보험 가입 전에 스캔을 요구하고 이미 뇌질환이 있는 이들을 거부할까? 사법당국에서는 재판 중이거나 형사고소당한 사람의 뇌스캔을 요구할까? 아니면 테러 가능성이 보이는 비행기 탑승객의 뇌스캔을 요구할까? 고용주들은 고용인들의 질환과 편견의 징후를 파악하기 위해 뇌스캔을 요구할까?

나아가 변호사들은 그런 검사가 헌법상의 권리(불법적인 압수수색을 금하는 미국 헌법 수정조항 4조나 자기부죄를 금하는 수정조항 5조)에 위배된다고 고소할까?

뇌스캔을 사용하면 사생활 보장이 어려울 것이다. 모든 사람의 뇌와 뇌영상은 독특한 것으로 여겨진다. 그래서 DNA로 우리를 확인할 수 있는 것처럼, 뇌스캔으로 우리를 확인할 것이다. 이는 뇌스캔 연구에 참여하기로 자원한 이들의 사생활 보호가 어렵다는 의미이다. 그들이 신원을 노출하지 않는다는 말을 들은 경우에도 말이다.

뇌스캔 연구에 자원한 참가자들에게 또 다른 윤리적 쟁점이 제기된다. 참가자들이 그 연구와 전혀 무관하게 심각한 신경결함이나 신경질환이 있는 것으로 나타났을 때, 연구자들은 이를 알려줘야 할까? 실제로 그 다음에는 연구자들이 치료해줄 의무가 있을까?

심리치료에서 정신약리학적 치료를 강요해야 할까?

우리는 이미 그렇게 하고 있다. 미국의 7개 주에서는 성범죄로 유죄선고를 받은 이들의 가석방 조건으로 뇌중재나 화학적 거세(약물에 부작용이 있다 할지라도)를 요구하고 있다. 일부의 경우에는 약물중독자와 정신질환자를 수감하지 않는 대가로 약 복용을 의무화한다. 코카인 중독 치료 백신은 개발 중이다. 약물중독자들은 반드시 이 백신을 맞아야 할까? 이런 백신접종을 강요하는 것이 과연 윤리적일까? 그렇게 함으로써 그들의 즐거움을 빼앗는데도 말인가? 우리는 직업계의 경쟁력 확보를 위해 뇌를 화학적으로 바꿔야 할까? 그리고 일부 고용주들은 고용조건으로 이를 요구할까?

우리가 누군가의 뇌를 성공적으로 바꿀 수 있다면, 우리는 그렇게 해야 할까? 설사 뇌를 더 개선시키고 질환을 없앤다 할지라도, 꼭 그렇게 해야 할까? 우리가 반사회적인 사람을 올바른 사람으로 바꿀 수 있다면, 그렇게 하라고 요구할까? 우리는 얼마나 더 나아지길 바라는가?

정신도핑mental doping의 증가

건강한 사람들이 수행능력 향상을 위해 ADHD 약을 불법 사용하여 많은 비난과 윤리적 문제를 초래하고 있다. 스테로이드 등 수행능력을 향상시키는 약물이 운동선수들(인간이나 경주마에게나)에게 불법이라면, 경쟁 상황에서 신경강화 약물도 금해야 하지 않을까? 리탈린과 기타 ADHD 약물이 정신력 강화(적어도 집중력과 인내심에서)에 유익하다면, 법학 대학원 입학시험에서 그런 약물복용이 과연 공정할까?

이에 대한 반론도 있다. 이는 유전적 혜택, 지원적인 가정환경, 더 나은 영양상태, 부모(초보 운동선수나 음악영재를 연습실이나 수업으로 끌고 가려는) 등의 불공평한 혜택과 다른가?

인생은 공정하지 않다. 문제는 정신강화 약물이 인생을 얼마나 더 불공정하게 하느냐이다. 사실, 어떤 이들은 경기장을 더욱 공정하게 만들 것이라 주장하기도 하는데, 그 이유는 정신적 혜택이 적은 이들(혹은 천연 도파민 분비가 적은 사람들)이 최고의 능력을 발휘할 것이기 때문이다.

물론, 현실적인 답은 우리가 그에 대해 어떻게 할 것인가이다. 정신약물 복용 단속은 운동선수의 경기력 강화를 위한 스테로이드 복용 단속만큼이나 어려울 것이다. 그리고 우리는 그런 단속이 별 효과가 없음을 다 알고 있다.

변호사들의 미래

새로이 더 많은 문제들이 불거지고 있다.

계획 중인 기술과 치료법이 적어도 초기에는 아주 비쌀 것이다. 그럼 누가 그 혜택을 볼 것인가? 부유하고 건강한 이들이 거기에 해당될까? 그 혜택을 누려야 할 사람을 누가 결정할까? 목숨을 구하는 장기이식 수혜자를 결정하는 소위 신의 위원회God committee야말로 한정되고 비싼 치료법 분배가 얼마나 어려운지를 보여주는 예이다.

군대를 비롯한 정부에서 가장 먼저 시작할 것이고, 다른 우려가 제기될 것임이 틀림없다. 정부는 일반인보다 법적·윤리적 규정의 제한을 덜 받으며 일부 실험을 대중에게 공개할 필요도 없다. 예를 들어, Greely가 말한 대로, 우리의 고용주(적어도 오늘날에는)가 작업수행 향상을 위해 우리에게 암페타민을 먹으라고 말할 수는 없지만, 공군에서는 할 수 있고 실제로 그렇게 하고 있다.

우리의 뇌칩에 있는 정보를 비롯해 디지털로 저장된 민감한 정보의 비밀 및 안전 보호뿐만 아니라 우리의 디지털 자아 소유권이 쟁점이 될 것이다. 다른 사람들이 우리의 뇌칩에 원격으로 접근 가능할까? 우리를 소환하여 법정이나 형사사건에서 우리의 메모리칩을 증언으로 '읽어낼' 수 있을까?

또한 우리 몸이 사라진 후에도 이런 디지털 자아가 얼마나 오래 존재할지 생각해보자. 이런 디지털 자아가 우리 후손들과 상호작용하는 것 역시 가능할 것이다. 상호적인 컴퓨터 프로그램이 '인간'과 비슷한 수준에 이르려면 여전히 가야 할 길이 멀지만, 가능성은 존재한다. 아직은 금지된 인간복제로 물리적 자아를 만들어 디지털 '브레인'을 넣을 수 있을 것이다. 실제로 일부 과학자들은 동물에게 뇌 전체를 이식하는 실험을 수행했으며, 그 동물의 몸에서는 과외로 이식된 뇌를 지원했다. 몇 년 전에 〈사이언티픽 아메리카〉의 한 저자는 미래에는 이런 일이 인간에게도 현실이 될 것이라고 추측했다. 소름끼치긴 하지만, 사실이다.

또 다른 질문이 있다. 즉, 우리의 신체적 자아가 사라진 후, 누가 우리의 디지털 브레인에 접근할까? 실제로, '자아'란 무엇일까? 디지털 브레인을 아주 깨끗이 삭제한다면 어떨까? 아니면 그로 인해 냉동된 배아를 파괴하는 것과 거의 비슷한 논란이 야기될까?

그리고 이는 저장된 기억을 인출하는 진보된 기술을 따라잡는 것처럼, 실용적인 문제를 다루는 것도 아니다. CD가 어떻게 8트랙 테이프를 대체했는지 생각해봐라. 생각나지 않는가? DVD가 비디오테이프를 대체했을 때는 어떤가?

신경과학과 신경기술의 새로운 변화로 새로운 법적·윤리적 쟁점이 나타날 것이다. 과거에, 심지어 먼 옛날에 생물학이나 의학에서 그랬던 것처럼 말이다.

그러나 신경과학과 신경기술의 발달로 인한 쟁점들은 좀 특별하다. 그 쟁점들은 유전공학과 기타 생물의학 분야에서 제기된 쟁점들과 중복되는 동시에 그 이상인데, 이는 그 쟁점들이 한 가지 강력하고 결정적인 측면에서 다르기 때문이다. 즉, 그 쟁점들은 인간이란 존재의 아주 본질적인 면을 건드리기 때문이다.

약물, 자장, 수술, 혹은 확실하고 놀라운 다른 치료법으로 뇌를 변화시켜 우리의 사고방식(혹은 느끼는 방식까지)을 조절할 수 있고, 그로 인해 우리의 존재에 대한 정의마저 바뀔 수 있다.

우리가 이렇게 멋지고 새로운 신경과학계로 빠르게 나아가고 있을지라도, 남용 가능성 때문에 신중해야 한다. 몇몇 논평자가 언급한 것처럼, 우리는 우리 존재의 기반이 유전자에 다 담겨있지 않다는 사실을 알지만, 머리에 다 담겨있지 않다고 설득력 있게 주장하기는 아주 어렵다.

10장

과거는 서막일 뿐이다

미래를 향하여

지금쯤 당신은 이 책에서 경이, 가능성, 전망을 다루고 있음을 알게 되었을 것이다.

지금까지 소개된 최신의 연구들은 우리 지식의 한계를 넓히고, 기존의 많은 신경과학 이론에 도전장을 던지며 이를 뒤엎을 정도이다. 정말로 과학과 기술이 급속도로 변화하고 있어 21세기 말쯤에는 병든 뇌나 건강한 뇌에 대해 공상과학 작가들조차 미처 생각해보지 못한 뇌 관련 해결방법들이 생겨날 것이다.

과학 분야의 협력이 가장 기대된다. 50년 전만 해도 물리학자, 재료과학자, 공학자, 컴퓨터과학자들이 뇌연구에 대해 신경학자, 생물학자, 심리학자, 생화학자들과 협력할 것이라고 누가 상상이나 했겠는가? 시각장애인에게 시력을 되찾아주는 인공망막 연구는 과학적·제도적·국제적 협력이 아주 현저한 예이다.

뇌연구가 빠르게 진행되고 있지만, 과학이란 점진적 개선으로 이루어진다는 사실을 꼭 기억해야 한다. 여기에 제시된 많은 예언이 현실화되려면, 몇 십 년이 걸릴 것이다. 가장 복잡한 장기인 뇌의 복잡한 활동을 다 이해하려면 여전히 갈 길이 멀다. 뇌과학의 대부분은 여전히 실험적이고 심지어 아직 이론수준인 경우도 있다. 그래서 무언가가 잘못되어 가고 있을 경우에도 이렇게 흥미진진한 연구들을 유용하게 적용하기는 커녕, 아직 그 이유조차 제대로 모르고 있다. 새로운 정보와 매우 놀라운 신기술이 넘쳐남에도 불구하고, 아직 우리는 정신질환과 자폐에 대해 거의 모르는 상태이고 의식세계는 여전히 가장 큰 미스터리로 남아있다.

뇌연구는 계속 누적되고 있는 중이다. 그에 대해서는 의심의 여지가 없으며, 가장 보수적인 과학자들조차 우리가 어디로 나아가고 있는지에 대해서는 이의를 제기하지 않는다. 대표적인 일부 공상과학 소설들을 부연하자면, 우리는 마지막 미개척 분야인 우리 뇌로 가는 여행에 착수하여 과감하게 미지의 세계로 나아가고 있다. 이는 정말로 환상적인 여행일 것이다.

서 론

Brain Science Is Big Business: Statistics about neurotechnology and business from Zack Lynch, "Neurotechnology Industry 2009 Report," http://brain-waves.corante. com/archives/2009/os/27/neurotechnology_ industry_2009_ report_released.php

1장. 변화 가능한 뇌

How Your Brain Changes: Adapted from multiple sources, including: Fred H. Gage, "Brain, Repair Yourself," *Scientific American*, Sept. 2003. Tracy J. Shors, "Saving New Brain Cells," *Scientific American*, Mar. 2009. R. Douglas Fields, "New Brain Cells Go to Work," *Scientific American Mind*, Aug.-Sept. 2007. Gary Stix, "Ultimate Self-Improvement," *Scientific American Special Edition: Better Brains*, Sept. 2003.

Your Brain Is a Computer: Adapted from Michael Shermer, "Why You Should Be Skeptical of Brain Scans," *Scientific American Mind*, Sept.-Oct. 2008.

Changes in Your Brain: Eleanor A. Maguire and others, "Navigation-Related Structural Change in the Hippocampi of Taxi Drivers," *Proceedings of the National Academy of Sciences of the United States of America*, Apr. 2000, http://wwwpnas.org/content/97/8/4398.full.

Centenarians Rule: Adapted from the National Institute on Aging, "Unprecedented Global Aging Examined in New Census Bureau Report Commissioned by the National Institute on Aging," July 20, 2009, http://www.nia.nih. gov/NewsAndEvents/PressReleases/20090720global.htm.

Changes in Your Genes: Adapted from Edmund S. Higgins, "The New Genetics of Mental Illness," *Scientific American Mind,* June-July 2008. "Epigenomics," National Human Genome Research Institute at the National Institutes of Health, http://www. genome.gov/27532724. Jörn Walter, "Epigenetics," http://epigenome.eu/en/1,1,0.

Keeping Your New Brain Cells: Adapted from Shors, "Saving New Brain Cells."

Brain Training Programs: Adapted from Kaspar Mossman, "Brain Trainers," *Scientific American Mind*, Apr.-May 2009. Robert Goodier, "Brain Training's Unproven Hype," *Scientific American Mind*, July-Aug. 2009.

Peter J. Snyder, Kathryn V. Papp, Stephen J. Walsh. "Immediate and Delayed Effects of Cognitive Interventions in Healthy Elderly: A Review of Current Literature and Future Directions", *Alzheimer's & Dementia*, Jan. 2009, http://www.alzheimersanddementia.com/article/S1552-5260(08)02922-1/abstract.

Could Weight Gain Make You a Fathead? I. Soreca and others, "Gain in Adiposity Across 15 Years Is Associated with Reduced Gray Matter Volume in Healthy Women," *Psychosomatic Medicine: Journal of Biobehavioral Medicine*, May 29, 2009. N. L. Heard-Costa and others, "Nrxn3 Is a Novel Locus for Waist Circumference: A GenomeWide Association Study from the Charge Consortium," *PLoS Genetics*, June 26, 2009, http://www.plosgenetics.org/.

Background: National Human Genome Research Institute, National Institutes of Health, http://www.genome.gov. National Institutes of Health, Roadmap Epigenomics Program, http://nihroadmap.nih.gov/epigenomics/. Epigenome Network of Excellence, http://www.epigenome-noe.net. W. Wayt Gibbs, "The Unseen Genome," *Scientific American*, Dec. 2003. Norman Dodge, *The Brain That Changes Itself* (New York: Penguin Books, 2007).

2장. 브레인파워 높이기

Boosting Your Brain Power: Adapted from multiple sources, including: Gary Stix, "Turbocharging the Brain," *Scientific American*, Oct. 2009.

Ulrich Kraft, "Train Your Brain," *Scientific American Mind*, Feb. 2006.

Amir Levine, "Unmasking Memory Genes," *Scientific American Mind*, June-July 2008.

The Brave New Pharmacy: R. M. Scheffler and others, "Positive Association Between Attention Deficit/Hyperactivity Disorder Medication Use and Academic Achievement During Elementary School," *Pediatrics*, 2009, 123(5), 1273-1279.

Juicing the Brain: Adapted from Christopher Intagliata, "Ritalin Dose Changes Effect," from 60-Second Science, *Scientific American Online*, July 9, 2008, http:// www.scientificamerican.com/podcast/episode.cfm?id=081535BC-EB62-D649-O1B40A271E2C0EDE.

The Caveats: Adapted from Edmund S. Higgins, "Do ADHD Drugs Take a Toll on the Brain?" *Scientific American Mind*, July-Aug. 2009. Benedetto Vitiello and Kenneth Towbin, "Stimulant Treatment of ADHD and Risk of Sudden Death in Children," *American Journal of Psychiatry*, 2009, 166, 955-957.

Six Drug-Free Ways to Boost Your Brain: Adapted from Emily Anthes, "Six Ways to Boost Brain Power," *Scientific American Mind*, Feb.-Mar. 2009.

Meditation sections: Adapted from several sources: Jamie Talen, "Science Probes Spirituality," *Scientific American Mind*, Feb.-Mar. 2006. J. A. Brefczynski-Lewis and others, "Neural Correlates of Attentional Expertise in Long-Term Meditation Practitioners," *Proceedings of the National Academy of Sciences*, July 3, 2007. Richard J. Davidson and others, "Alterations in Brain and Immune Function Produced by Mindfulness Meditation," *Psychosomatic Medicine*, 2003, 65, 564-570. Antoine Lutz and others, "Long-Term Meditators Self-Induce High-Amplitude Gamma Synchrony During Mental Practice," *Proceedings of the National Academy of Sciences*, Nov. 16. 2004. Interviews and correspondence with Richard Davidson and Ferris Buck Urbanowski, 2009. Melissa A. Rosenkranz and others, "Affective Style and In Vivo Immune Response: Neurobehaviural Mechanisms," *Proceedings of the National Academy of Sciences*, Sept. 16, 2003.

Background: Kraft, "Train Your Brain? Jonathon D. Moreno, "Juicing the Brain," *Scientific American Mind*, Dec. 2006-Jan. 2007. Margaret Talbot, "The Underground World of 'Neuroenhancing' Drugs," *New Yorker*, Apr. 27, 2009. Herbert Benson, *The Relaxation Response* (New York: HarperTorch, 1976). Richard J. Davidson and Antoine Lutz, "Buddha's Brain: Neuroplasticity and Meditation," *IEEE Signal Processing Magazine*, Sept. 2007.

3장. 기억 조작(操作)하기

How Memory Works: Adapted from several articles by R. Douglas Fields: "Making Memories Stick," *Scientific American*, Feb. 2009. "New Brain Cells Go to Work," *Scientific American Mind*, Aug.-Sept. 2007. "Erasing Memories," *Scientific American Mind*, Dec. 2005-Jan. 2006. Amir Levine, "Unmasking Memory Genes," *Scientific American Mind*, June-July 2008.

Alzheimer's Disease: Statistics and basic information. Alzheimer's Disease International World Alzheimer Report, 2009, http://www.alz.co.uk/worldreport; Alzheimer's Association, http://wwwalz.org/media_media_resources.asp.

Alzheimer's Disease Neuroirnaging Initiative, http://wwwadni-info.org/. "Measuring Brain Atrophy in Patients with Mild Cognitive Impairment," University of California, San Diego, news release, June 16, 2009. Joel Shurkin, "Alternative Ideas About Alzheimer's," *Scientific American Mind*, July-Aug. 2009.

What We Know Now About Dementia: Alzheimer's study in caregivers from C. Lyketsos and others, "Caregiver-Recipient Closeness and Symptom Progression in Alzheimer Disease. The Cache County Dementia Progression Study? *Journals of Gerontology Series B: Psychological Sciences and Social Sciences*, Sept. 2009. ACE study: Kaycee Sink, "Angiotensin-Converting Enzyme Inhibitors and Cognitive Decline in Older Adults with Hypertension: Results from the Cardiovascular Health Study," *Archives of Internal Medicine*, July 23, 2009. Alzheimer's and curcumin: Adapted from "Vitamin D, Curcumin May Help Clear Amyloid Plaques Found in Alzheimer's," news release, UCLA, July 15, 2009, http://newsroom.ucla.edu/portal/ucla/ucla-study-finds vitamin-d-may-94903.aspx?link_page_rss=94903. Alzheimer's and cinnamon: Dylan W. Peterson and others, "Cinnamon Extract Inhibits Tau Aggregation Associated with Alzheimer's Disease in Vitro," *Journal of Alzheimer's Disease*, 2009, 17(3). Alzheimer's and IVIg treatments: Howard Fillit and others, "IV Immunoglobulin Is Associated with a Reduced Risk of Alzheimer Disease and Related Disorders," *Neurology*, July 21, 2009. Alcohol study: Kaycee Sink and others, "Moderate Alcohol Intake Is Associated with Lower Dementia Incidence: Results from the Ginkgo Evaluation of Memory Study (GEMS)." Presented at Alzheimer's Association International Conference on Alzheimer's Disease, Vienna, July 13, 2009.

Marijuana to Ward Off Alzheimer's? Adapted from Andrew Klein, "Staving Off Dementia," *Scientific American Mind*, Apr.-May 2007.

Erasing Bad Memories: Michael S. Gazzaniga, "Smarter on Drugs," *Scientific American Mind*, Oct. 2005. M. H. Monfils, K. K. Cowansage, E. Klann, and J. S. LeDoux, "Extinction-Reconsolidation Boundaries: Key to Persistent Attenuation of Fear Memories," *Science*, May 15, 2009. Amir Levin, "Unmasking Memory Genes," *Scientific American Mind*, June-July 2008. CREB research: Christie Nicholson, "Wiping Out Bad Memories," *Scientific American Online*, http://www.scientificamerican.com/ podcast/episode.cfm?id=wiping-out-bad-memories-09-03-08.

The Toll of Mental Illness: Peter Sergo, "Mental Illness in America," *Scientific American Mind*, Feb.-Mar. 2008. Interview with Joseph LeDoux: To learn more about his work, see http://www.cns.nyu.edu/ledoux/Ledouxlab.html.

What's Next? Excerpts from Amir Levine, "Unmasking Memory Genes," *Scientific American Mind*, June-July 2008.

Background: Cures for Alzheimer's: Vernon Vinge, *Rainbows End* (New York: Tor, 2006). Statistics on military suicides: Erica Goode, "Suicide's Rising Toll: After Combat, Victims of an Inner War," *New York Times*, Aug. 1, 2009. Alzheimer's disease statistics and basic information as of July 2009: Alzheimer's Association, http://www.alz.org/ media_media_resources.asp. Alzheimer's Disease Neuroimaging Initiative, http://www.adni-info.org/. Statistics on the annual cost of prescription drugs to treat Alzheimer's: *New York Times* news reports, 2009.

4장. 디지털 자아

Cell Phone Statistics: Pew Internet & American Life Project, http://www.pewinternet. org/Reports/2009/12-Wireless-Internet-Use.aspx.

Are You Born Digital–or a Digital Immigrant? Marc Prensky, "Digital Natives, Digital Immigrants," *On the Horizon*, 2001, 9(5).

The Brains of Digital Natives: Information from Digital Native project: Beckman Center for Internet and Society at Harvard University and the Research Center for Information Law at the University of St. Gallen in Switzerland, http://wwwdigitalnative.org/#home. John Palfrey and Urs Gasser, *Born Digital: Understanding the First Generation of Digital Natives* (New York: Basic Books, 2008). Digital media and teen interactivity statistics: Pew Internet & American Life Project, http://www.pewinternet.org/.

The Bad, the Good, and the Unknown Effects of Technology: Gary Small and Gigi Vorgan, *iBrain: Surviving the Technological Alteration of the Modern Mind* (New York: HarperCollins, 2008). G. W. Small, T. D. Moody, P. Siddarth, and S. Y. Bookheimer, "Your Brain on Google: Patterns of Cerebral Activation During Internet Searching," *American Journal of Geriatric Psychiatry*, 2009, 17(2). T. D. Moody, H. Gaddipati, G. W. Small, and S. Y. Bookheimer, *Neural Activation Patterns in Older Adults Following Internet Training*, presented at the 2009 Society for Neuroscience Meeting, Oct. 2009. K. Slegers, M. van Boxtel, and J. Jolles, "Effects of Computer Training and Internet Usage on Cognitive Abilities in Older Adults: A Randomized Controlled Study," *Aging Clinical and Experimental Research*, Feb. 2009, 21(1), 43-54.

How Cell Phones Affect Your iBrain: R. Douglas Fields, "Call Me Sleepless," *Scientific American Mind*, Aug.-Sept. 2008.

The Future Is Closer Than You Think: Vernor Vinge, *Rainbows End* (New York: Tor, 2006).

Uses of the Digital You: DARPA LifeLog project, http://wwwdarpa.mil/. "FACT FILE: A Compendium of DARPA Programs" and "LifeLog Projects," http://www.defensetech.org/archives/000427.html.

What About My Body? Adapted in part from Charmaine Liebertz, "Think Better: Learning to Focus," *Scientific American Mind*, Dec. 2005-Jan. 2006. Statement recommending no television for toddlers from the American Academy of Pediatrics: http://www.aap.org/sections/media/toddlerstv.htm.

Beyond Digital: Adapted from Melinda Wenner, "The Serious Need for Play," *Scientific American Mind*, Feb.-Mar. 2009. Peter B. Gray, "Play as a Foundation for Hunter-Gatherer Social Existence," *American Journal of Play*, Spring 2009, 1(4). What's Next? Gordon Bell and Jim Gemmell, "A Digital Life," *Scientific American*, Mar. 2007.

Happiness Is Contagious: Adapted from Adam Hinterthuer, *Scientific American* 60-second podcast, Dec. 5, 2008, http://www.scientificamerican.com/podcast/episode.cfm?id=happiness-is-contagious-08-12-05.

Background: Institute for the Future, "2009 Ten-Year Forecast, Civil Society: Networked Citizens," http://wwwiftf.org/node/3008. Gary Small and Gigi Vorgan, "Meet Your iBrain," *Scientific American Mind*, Oct.-Nov. 2008, and *iBrain: Surviving the Technological Alteration of the Modern Mind*. Ray Kurzweil, "The Coming Merger of Man and Machine," *Scientific American Special Edition: Your Future with Robots*, Feb. 2008. Nicholas Carr, "Is Google Making Us Stupid?" *Atlantic*, July-Aug. 2008, http://www.theatlantic.com/doc/200807/google. Face-to-face learning: From A. N. Meltzoff, P. K. Kuhl, J. Movellan, and T. Sejnowski, "Foundations for a New Science of Learning," *Science*, July 17, 2009, http://wwwsciencemag.org/cgi/content/full/sci;325/5938/284.

5장. 뇌영상으로 본 우리 뇌

Smile, Say Cheese? Michael Shermer, "Why You Should Be Skeptical of Brain Scans," *Scientific American Mind*, Oct.-Nov. 2008.

Picture This: "Imaging People with Psychopathy," *Kings College London News*, Aug. 4, 2009, http://www.kcl.ac.uk/news/news_details.php?new_jd=1137 &year=2009. Pedophile study cited by Melinda Wenner, "Finding Connections," *Scientific American Mind*, Apr.-May 2009. "Imaging Study Finds Evidence of Brain Abnormalities in Toddlers with Autism," *Study in Archives of General Psychiatry*, May 4, 2009. Scanning the Other Half of Your Brain: Adapted from Melinda Wenner, "Finding Connections," *Scientific American Mind*, Apr.-May 2009. Interview with R. Douglas Fields.

The Limits of Brain Scans: Shermer, "Why You Should Be Skeptical of Brain Scans," Edward Vul, C. Harris, P. Winkielman, and H. Pashler, "Puzzlingly High Correlations in fMRI Studies of Emotion, Personality, and Social Cognition," *Perspectives on Psychological Science*, 2009, 4(4), 285.

The Five Flaws of Brain Scans: Shermer, "Why You Should Be Skeptical of Brain Scans,"

Do You See What I See? Excerpted from Nikhil Swaminathan, "Do You See What I See?" *Scientific American*, May 2008.

Virtually There: From George Kovacik, "New Technology Offers Virtual Visualization of the Human Body," Methodist Hospital, Houston, press release, July 1, 2009.

What's Next? Star Trek medical devices: From the StarTrek.com Library, http://www. startrek.com/startrek/view/library/science/article/69235.html.

Background: National Institute on Drug Abuse, Robert Mathias, "The Basics of Brain Imaging," http://www.drugabuse.gov/NIDA_notes/NNvol1N5/Basics. html. Margaret Talbot, "Duped: Can Brain Scans Uncover Lies?" *New Yorker*, July 2, 2007, http://www.newyorker.com/reporting/2007/07/02/070702fa_fact_ Talbot. Bernhard Blumich, "The Incredible Shrinking Scanner," *Scientific American*, Nov. 2008. R. Douglas Fields, *The Other Brain* (New York: Simon & Schuster, 2009); for more information, visit http://theotherbrainbook.com/.

6장. 뇌회로망의 재구성

Electroshock's Shocking History: Excerpted from Morton L. Kringelbach and Tipu Z. Aziz, "Sparking Recovery with Brain 'Pacemakers,'" *Scientific American Mind*, Dec. 2008-Jan. 2009. John Horgan, "The Forgotten Era of Brain Chips," *Scientific American*, Oct. 2005.

The Current Brain Research: Adapted from Kringelbach and Aziz, "Sparking

Recovery with Brain 'Pacemakers.'" tDCS therapy: R. Lindenberg, L. L. Zhu, V. Renga, D. Nair, and G. Schlaug, "Behavioral and Neural Effects of Bihemispheric Brain Stimulation on Stroke Recovery," abstract presented at the Fifteenth Annual Meeting of the Organization for Brain Mapping, Jan. 2009, http://www.meetingassistant3.com/OHBM2009/planner/abstract_popup.php?abstractnot=1754. Adapted from Erica Westly, "A Magnetic Boost: Activating Certain Neurons May Alleviate Depression," *Scientific American Mind*, Apr.-May 2008. Hubertus Breuer, "A Great Attraction," *Scientific American Mind*, July 2005.

Discovering Depression's Sweet Spot: David Dobbs, "Turning Off Depression," *Scientific American Mind*, Aug.-Sept. 2006. David Dobbs, "Insights into the Brain's Circuitry," *Scientific American Mind*, Apr.-May 2009.

Melinda Wenner, "Finding Connections," *Scientific American Mind*, Apr.-May 2009.

Turn It Up, Dear, and Turn Me On: Adapted from Gary Stix, "Turn It Up, Dear," *Scientific American*, May 2009. Stuart Meloy Web site: http://www.aipmnc.com/NASF.aspx.

What's Next? Gero Miesenbock, "Lighting Up the Brain," *Scientific American*, Oct. 2008. Kringelbach and Aziz, "Sparking Recovery with Brain 'Pacemakers.'" Dobbs, "Insights into the Brain's Circuitry."

Background: Basic brain information and links: http://brainmapping.org.

7장. 생체공학적인 뇌

Gary Stix, "Jacking into the Brain," *Scientific American*, Nov. 2008.

Frank W. Ohl and Henning Scheich, "Chips in Your Head," *Scientific American Mind*, Apr.-May 2007.

Anna Griffith, "Chipping In," *Scientific American*, Feb. 2007.

John Horgan, "The Forgotten Era of Brain Chips," *Scientific American*, Oct. 2005.

T. Kuiken and others, "Targeted Muscle Reinnervation for Real-Time Myoelectric Control of Multifunction Artificial Arms," *JAMA*, 2009, 301, 619-628.

Artificial Retinas: Based on U.S. Department of Energy, Artificial Retina Project, http://artificialretina.energy.gov/; and on Second Sight Medical Products, http://www.2-sight.com/. Kwabena Boahen, "Neuromorphic Microchips," *Scientific American*, May 2005.

An Artificial Hippocampus? Gary Stix, "Jacking into the Brain," *Scientfic American*, Nov. 2008.

Putting Thoughts into Action: Adapted from Alan S. Brown, "Putting Thoughts into Action," *Scientific American Mind*, Oct.-Nov. 2008. Interview with Philip R. Kennedy, founder of Neural Signals, a research and development company working on assistive technology, http://www.neuralsignals.com/.

Not Tonight, Dear: From Charles Q. Choi, "Not Tonight, Dear, I Have to Reboot," *Scientific American*, Mar. 2008.

What' s Next? Ray Kurzweil, "The Coming Merger of Man and Machine," *Scientific American Presents Your New Mind*, June 2009.

Background: Miguel A. L. Nicolelis and John K. Chapin, "Controlling Robots with the Mind," *Scientific American Special Edition: Your Future with Robots*, Feb. 2008. Information on the Defense Advanced Research Projects Agency funding for neuroengineering, http://www.sciencedaily.com/releases/2002/08/020820071329.htm. MyLifeBits, Microsoft research project with Gordon Bell, http://research. microsoft.com/en-us/projects/mylifebits/#VannevarBush.

8장. 가능한 꿈

Nanotechnology: James R. Heath, Mark E, Davis, and Leroy Hood, "Nanomedicine Targets Cancer," *Scientific American*, Feb. 2009.

Blood Will Tell: James R. Heath, Mark E. Davis, and Leroy Hood, "Nanomedicine Targets Cancer," *Scientific American*, Feb. 2009. David Dobbs, "Insights into the Brain' s Circuitry," *Scientific American Mind*, Apr.-May, 2009.

The Future of Stem Cells: California Institute for Regenerative Medicine (stem cell research), http://www.cirm.ca.gov/?q=StemCellBasics; and 2009 interviews and correspondence with Donald Gibbons, CIRM chief communications officer. Batten Disease: "Researchers to Study Effectiveness of Stem Cell Transplant in Human Brain," *Science Daily*, Mar. 11, 2006.

Fixing Strokes with Stem Cells: Nikhil Swaminathan, "Stem Cells Against Stroke," *Scientific American*, Nov. 2008.

Retinal Stem Cells from Adults Show Promise: Adapted from Katherine Harmon, "Stem Cells Bring New Insights to Future Treatment of Vision—and Neural—Disorders," *Scientific American Online*, Sept. 24, 2009, http://www.scientificamerican.com/blog/post.cfm?id=stem-cells-bring-new-insights-to-fu-2009-09-24.

The Promise of Gene Therapy: Melina Wenner, "Regaining Lost Luster," *Scientific American*, Jan. 2008.

A Genetics Refresher: Heath, Davis, and Hood, "Nanomedicine Targets Cancer.

Epigenomics: National Human Genome Research Institute, http://www.genome.gov/27532724. The NIH Roadmap Epigenomics Program, http://nihroadmap.nih.gov/epigenomics/.

Nanomedicine: From Heath, Davis, and Hood, "Nanomedicine Targets Cancer."

Background: California Institute for Regenerative Medicine (stem cell research), http://www.cirm.ca.gov/?q=StemCellBasics. National Human Genome Research Institute, National Institutes of Health in Bethesda, Maryland, http://www.genome.gov/. American Society of Gene and Cell Therapy, http://www.asgt.org/educational_resources/. The National Nanotechnology Institute, http://www.nano. gov/. Nanoparticle and stem cell research: Victor Stern, "Nanoparticles Spur Stem Cells?" *TheScientist.com*, Oct. 7, 2009, http://www.the-scientist.com/blog/browse/blogger/69/.

9장. 신경윤리학

Michael S. Gazzaniga, "The Law and Neuroscience," *Neuron*, Nov. 6, 2008, pp. 412-415.

The Editors, "A Vote for Neuroethics: Better Brains," *Scientific American Special Issue*, Sept. 2003. MacArthur Foundation Law and Neuroscience Project, with references to many recent articles: http://www.lawandneuroscienceproject.org/.

Stem Cells: The Editors, "Opinion: Reality Check for Stem Cells," *Scientific American*, June 2009.

Interview with Hank T. Greely, Deane F. and Kate Edelman Johnson Professor of Law at Stanford University, Aug. 2009.

Liar, Liar: Interviews with Paul Ekman, Oct. 2009. Henry T. Greely and Judy Illes, "Neuroscience-Based Lie Detection: The Urgent Need for Regulation," *American Journal of Law and Medicine*, 2007, 33, 377-431; quote from p. 402.

Responsibility: Michael Shermer, "Why You Should Be Skeptical of Brain Scans," *Scientific American Mind*, Oct.-Nov. 2008; Gary Stix, "Lighting Up the Lies," *Scientific American*, Aug. 2008.

The Business of Brain Scans: Brain fingerprinting, http://web.archive.org/web/20060722001256/http://www.ocf.berkeley.edu/~issues/spring03/brainfinger.html. EEG used in trials: Nitasha Natu, "This Brain Test Maps the Truth", *Times of India*, July 2008, http://timesofindia.indiatimes.com/Cities/This_brain_test.maps_the_truth/articleshow/3257032.cms. No Lie MRI, http://www.noliemri.com/. Cephos Corp., http://www.cephoscorp.com/.

Background: Mark A. Rothstein, "Keeping Your Genes Private? *Scientific American*, Sept. 2008. Neuroscience, Law and Government Symposium, University of Akron, *Akron Law Review*, 2008-2009, 42(3). Hank T. Greely, "Law and the Revolution in Neuroscience: An Early Look at the Field," keynote address at the Akron School of Law's Neuroscience, Law and Government Symposium, *Akron Law Review*, 2008-2009, 42(3). MacArthur Foundation Law and Neuroscience Project Blog, http:// lawneuro.typepad.com/the-law-and-neuroscience-blog/. Project homepage, with references to many recent articles: http://www.lawandneuroscienceproject.org/. Stanford Center for Law and the Biosciences Blog, http://lawandbiosciences. wordpress.com/about/.

Some of Your Brain's Most Important Parts: Courtesy Alzheimer's Disease Education and Referral Center, a service of the National Institute on Aging.

Neurons: Your Brain Cells at Work: Courtesy Alzheimer's Disease Education and Referral Center, a service of the National Institute on Aging.

How the Brain Makes New Neurons: From Fred H. Gage, "Brain, Repair Yourself," *Scientific American*, Sept. 2003. Artist: Alice Chen.

How Learning Helps to Save New Neurons: From Tracy J. Shors, "Saving New Brain Cells," *Scientific American*, Mar. 2009. Artist: Jen Christiansen.

Epigenetics: Volume Control for Your Genes: From W Wayt Gibbs, "The Unseen Genome: Beyond DNA," *Scientyic American*, Dec. 2003. Artist: Terese Winslow.

How Brain Enhancers Work: From Gary Stix, "Turbocharging the Brain," *Scientific American*, Oct. 2009. Artist: Andrew Swift.

The Memory Code: A Seat of Memory: From Joe Z. Tsien, "The Memory Code," *Scientific American*, July 2007. Artist: Alice Chen.

What Is White Matter? From R. Douglas Fields, "White Matter Matters," *Scientific American*, Mar. 2008. Artist: Jen Christiansen.

An Artificial Hippocampus: From Gary Stix, "Jacking into the Brain," *Scientific American*, Nov. 2008. Artist: George Retseck.

Sparking Recovery with Brain Pacemakers: From Morten L. Kringelbach and Tipu Z. Aziz, "Sparking Recovery with Brain 'Pacemakers,'" *Scientific American Mind*, Dec. 2008/Jan. 2009. Artist: Melissa Thomas.

Targeted Magnetic Brain Stimulation: From Hubertus Breuer, "A Great Attraction," *Scientific American Mind*, June 2005. Artist: Bryan Christie Design.

The Future of Optogenetic Brain Stimulation: From Gero Misenböck, "Lighting Up the Brain," *Scientific American*, Oct. 2008. Artist: Alfred T. Kamajian.

An Artificial Retina: Copyright © 2009 The New York Times Company.

가소성: 뉴런 간의 연결이 형성되거나 강화되는 뇌의 변화 능력

강박장애: 청소하기, 확인하기, 수 세기, 비축하기 등 과도한 사고와 강박적인 행동으로 나타나는 불안장애

게놈: 몸이나 뇌 등 특정 유기체를 부호화하는 모든 유전자의 총합

경두개자기자극법(TMS): 우울증 같은 질환을 치료하고 활동을 자극하기 위해 뇌 외부에 약한 전류를 가함

경두개직류자극(tDCS): 뇌졸중의 영향을 받은 사지에 작업치료를 하는 동안 뇌 활동 조절을 위해 전기자극을 사용하는 기법

교세포: 뇌의 백질을 구성하는 전문화된 세포. 뉴런을 지원하고 뉴런들 사이의 전기 절연 및 아직 밝혀지지 않은 기타 기능에 기여함

근육긴장이상: 근육수축으로 인해 비틀리고 반복적인 움직임이나 비정상적인 자세가 나타나는 신경운동장애

근전도(EMG): 근육이 수축할 때 근육과 신경계에서 발생하는 미세한 전위를 탐지하고 기록하는 방법

기능적 자기공명영상(fMRI): 뇌활동을 모니터하고 이상을 탐지하기 위해 이용하는 뇌스캔

기능적 전기자극(FES): 마비된 근육을 움직이기 위해 가벼운 전기충격을 가함. 뇌에 메시지를 보내어 뇌 스스로 재구성하고 아픈 근육을 움직이는 방법을 재학습하게 도움

나노: '초소'를 뜻하는 접두어. 나노미터는 10억분의 1미터로 너무 작아 일반 현미경으로 잘 보이지 않음

나노기술: 아주 미세한 입자와 원자 수준에서 물질과 장비를 고안하고 활용함

나노봇: 초소형 로봇. 나노기술의 일부

뇌량: 뇌의 양반구를 연결하는 축색돌기 섬유다발

뇌신경조정기: 밧데리로 작동되는 제어장치에서 나온 전기신호에 반응하는 뇌이식 전극. 간질이나 파킨슨병으로 인한 떨림이나 발작을 제어하는 데 사용됨

뇌심부자극술(DBS): 뇌에 이식된 전극에 전기를 가해 뇌활동을 자극하거나 방해함. 컴퓨터나 밧데리와 연결되어 있음

뇌전도(EEG): 두피에 붙인 전극으로 뇌활동을 탐지하고 기록하는 방법

뉴런: 뇌세포 또는 신경세포

대뇌: '사고하는 뇌'로 뇌의 질량 중 3분의 2정도를 차지하며 대부분의 다른 뇌구조 위에 위치함. 두 개의 반구로 나누어지고 네 개의 엽이 있으며 대뇌피질로 둘러싸여 있음

대상핵: 사고와 갈등 사이에서 주의 변화를 다루는 뇌영역

도파민: 수의운동, 주의, 동기, 기쁨에 중요한 신경전달물질. 보상회로와 중독의 선두주자

뚜렛 증후군: 통제 불가능할 정도로 부적절한 단어, 움직임, 소음을 야기하는 유전적인 신경계 질환

망막색소상피(RPE): 망막 아래 부분에 위치한 조직층으로, 수정 후 30~50일 무렵 생성되며 줄기세포의 원천으로 유망함

베타 아밀로이드 단백질: 뉴런 밖의 용해되지 않는 축적물인 반에서 발견되는 아밀로이드 전구단백질의 일부

변연계: 고차적 추리를 하는 대뇌피질과 뇌간을 연결해주는 뇌영역. 정서, 본능적 행동, 후각을 조절함

복제: 다른 유기체, 장기, 세포와 똑같은 DNA 복사본을 만드는 과정

복측피개영역(VTA): 뇌에서 가장 원시적인 부위로 뇌간 맨 꼭대기에 위치함. 측좌핵으로 보내는 도파민을 합성함

브로드만 영역 25: 기분, 사고, 정서에 관여하는 몇몇 뇌영역을 연결하고 우울증환자들의 경우에 과잉 활성화됨

브로카 영역: 좌측 전두엽에 위치한 이 영역은 얼굴 뉴런, 말하기, 언어이해를 조절함

생체공학: 생물학적 신체부품이나 기능을 대체하거나 향상시키기 위해 인공부품을 활용하는 분야

세로토닌: 체온, 기억, 정서, 수면, 식욕, 기분 조절에 기여하는 신경전달물질

소뇌: 뇌간의 맨 위에 위치한 복숭아 두 개 크기의 주름진 조직으로, 숙련되고 협응적인 움직임(테니스 서브를 받는 것과 같은)을 통제하고 일부 학습통로에 관여함

대뇌피질: 외부에 있는 3밀리미터 두께의 회백질로, 뉴런이 아주 밀집되어 있으며, 신비한 의식상태, 감각, 운동기능, 추리, 언어를 비롯한 대부분의 기능을 통제함

수초: '백질'. 축색돌기 주변에 있는 백색지방의 절연층으로, 세포체에서 시냅스로 전기신호를 빨리 전달하는 데 기여함

시냅스: 신경전달물질과 전하가 지나는 뉴런 사이의 작은 틈

시상: 뇌간의 꼭대기에 위치함. 양방향 중계역 역할을 하며, 척수와 중뇌 구조에서 대뇌로 가는 신호와 역으로 대뇌에서 척수와 신경계로 가는 신호를 분류하고 처리하며 안내함

시상하부: 시상 아래의 뇌구조로 체온, 섭식, 혈압, 기타 신체기능을 모니터함

신경: 뇌세포인 뉴런과 관련된 모든 것

신경가소성: 사고, 감정 및 환경에 따라 변화하고, 새로운 과제를 떠맡기 위해 일부 뇌영역을 재할당하는 능력

신경발생: 새로운 뇌세포(뉴런)의 생성

신경전달물질: 뉴런 사이의 화학 메신저로, 이웃하는 뉴런의 활동을 흥분시키거나 억제하기 위해 뉴런의 축색돌기에서 분비됨

신경친화적: 신경친화적이거나 신경조직상에 국부적으로 위치하는

신경친화 전극: 신경활동을 탐지하기 위해 뇌의 표적 영역에 이식한 작은 장치

아데노신: 세포대사의 연료를 공급하는 에너지 기제 즉, 아데노신 3인산의 일부

인 신경화학물질. 이는 ATP가 활성화될 때마다 분비되며, 몸을 구성하고 졸리게 한다. 우리 몸이 자고 있는 동안 아데노신 수준이 떨어지고, 그로 인해 우리가 깨어나게 된다.

아드레날린: 교감 신경계의 대항-도피 반응을 하도록 신체 기능을 촉진하는 호르몬이자 신경전달물질임. 에피네프린이라고도 함

아밀로이드 반: 뇌의 신경세포 사이에서 발견되는 축적물로, 베타 아밀로이드와 기타 물질로 구성됨. 알츠하이머 질환에 기여하는 것으로 여겨짐

아세틸콜린: 기억을 조절하고 말초 신경계의 골격근과 평활근을 통제하는 신경전달물질

안와전두피질: 의사결정 및 기타 인지과정에 관여하는 대뇌피질 부위

알츠하이머 질환: 몇몇 뇌영역의 세포사로 인한 치매와 유사한 질환으로, 점차 신경이 퇴화됨

암페타민: 각성과 집중을 자극하는 신경흥분제로, ADHD를 치료하는 많은 약물의 기초가 됨. 그 효과가 빨라 스피드(speed)라고도 함

양전자방사단층촬영: 방사성 동위원소를 이용한 영상기술로 연구자들이 물질(산소와 글루코스 같은)의 농도와 혈류뿐만 아니라, 뇌조직의 다른 특수요소들을 탐지해 여러 뇌영역의 활동을 관찰하고 측정함

유전자: 염색체에서 발견된 DNA 조각으로, 거의 모든 생의학 반응과 신체구조 형성의 청사진 역할을 함

유전자치료: 기능에 문제가 있는 유전자를 건강한 유전자로 대체하거나 조작하거나 보충해서 유전질환을 치료하는 고등 기술

자기공명영상(MRI): 자기장을 이용해 신체 내부 구조의 컴퓨터 영상을 생성하는 진단적인 연구기법. 특히 뇌와 같은 연조직의 영상에 유용함

전기충격치료(EST): 두개골에 붙인 전극에서 뇌로 전류를 보내어 짧은 발작과 화학적 변화를 일으켜 여러 가지 정신질환 증상을 완화시킴. 전기경련충격 치료라고도 함

전두엽: 가장 최근에 진화된 뇌영역으로, 성년기 초기 무렵 맨 나중에 발달함. 의사결정, 문제해결, 사고, 계획, 언어기능을 비롯해 소위 실행적인 고차적 기능을 담당함

정신외과: 행동, 정서 및 성격을 변화시키기 위한 뇌나 신경계 수술. 뇌심부자극술도 포함됨

축색돌기: 뉴런의 긴 부위로, 다른 세포에 출력 신호를 전달함

측두엽: 기억저장, 정서, 청각, 언어를 관장하는 뇌영역

측좌핵: 변연계에 위치한 뇌의 보상체계로, 동기 및 보상과 관련된 정보를 처리함. 사실상 모든 약물남용은 약물복용을 강화하는 측좌핵 때문임

치매: 일상생활과 활동이 어려울 정도로 인지기능이 퇴화된 상태를 일컫는 용어

치상회: 기억형성에 기여하는 것으로 여겨지는 해마의 일부. 신경발생이 일어나는 것으로 알려진 성인의 뇌영역 중 하나

카나비노이드: 몸에서 생성되는 천연 화학물질로, 정신적·육체적 과정을 제어하고 마리화나에서도 추출되며 흥분을 유발함

컴퓨터단층촬영(CT) 스캔: 신체의 횡단면을 보여주기 위해 특수 엑스레이 장치와 컴퓨터를 사용하는 진단적인 영상절차

케모브레인: 화학치료로 인해 나타날 수 있는 멍한 사고나 사고결함을 일컫는 일반적인 용어

타우 단백질: 알츠하이머 질환 발병의 핵심요인. 건강한 타우는 뉴런의 활동을 지지하지만, 변형된 타우는 알츠하이머 질환과 관련된 뇌병변에 기여하는 것으로 알려짐

테트라히드로칸나비놀(THC): 마리화나의 향정신성 성분

편도체: 생존 지향적인 뇌영역으로, 원시 정서와 대항-도피를 관장함. 정서뇌라고도 함

프리온: 정상 단백질과 조합하는 악당 단백질로, 광우병을 비롯한 수많은 퇴행성 뇌질환의 원인이 됨

해마: 뇌의 깊숙한 곳에 위치한 구조로, 학습과 기억에 중요한 역할을 하고 단기기억을 장기기억으로 전환하는 데 관여함

혈뇌장벽: 순환하는 혈류 속의 박테리아 등 많은 물질이 뇌로 들어가는 것을 막는 과정

후두엽: 시각자료를 처리한 다음, 확인하고 저장하기 위해 다른 뇌영역으로 보냄

후성유전자: 세포의 전반적인 후성적 상태로, 우리의 게놈과 비슷하지만 별개임

후성유전학: 경험이나 환경에 의해 유전자 발현은 달라지지만, 근본적인 DNA 계열은 바뀌지 않음

히스톤: 염색체에서 발견된 작고 기본적인 단백질로 DNA와 결합하고 유전자의 활동제어에 기여함

ACE 억제제: 혈압을 낮추기 위해 처방되는 약물

ADHD(주의력 결핍 과잉행동 장애): 정신적·신체적으로 집중을 유지하기 어려운 질환. 종종 학습장애나 기타 정신문제와 연계되어 나타남

ALS(근위축성측삭경화증, 루게릭병이라고도 함): 신체를 제어하는 신경들이 점차 죽어서 마비와 죽음에 이르게 되는 치명적인 질환

DNA(디옥시리보핵산). 조상에게서 유전된 핵산으로, 한 개인의 게놈을 이루며 개인의 고유한 몸과 뇌를 구성하는 데 필요한 명령이 포함되어 있음

DTI(확산텐서영상): 여러 영역을 연결하고 뇌의 50%나 되는 백질을 따라 물분자의 흐름을 측정. 이 기술은 아직 해석이 용이하지 않음

FDA: 미국 식품의약청

RNA(리보핵산): DNA와 유사하며, 세포의 세포질에 DNA의 유전적 메시지를 전달하여 단백질을 만듦

Judith Horstman은 수상(受賞)한 저널리스트로서, 의사와 일반 대중을 대상으로 건강과 의학 관련 글을 쓰고 있다. 전 세계적인 수백 개의 출판물과 인터넷을 통해 그녀의 글을 접할 수 있다.

그녀는 출판 경력이 풍부한 저널리스트로서, MIT의 Knight Science Journalism Fellowship을 받았고, 오레곤주립대학교의 언론학 교수였으며, 헝가리의 부다페스트에 사실에 근거한 언론학 교수센터를 설립해 두 번이나 풀브라이트 연구비를 받았다.

그녀는 의사와 연구자들을 위한 근위축성측삭경화증(루게릭병이라고도 알려짐) 관련 웹사이트를 편집했고, 루푸스 질환 관련 웹사이트의 자문위원이자 필자였으며, 스탠포드대학교 의료센터Stanford University Medical Center, 하버드건강뉴스Harvard Health Letter, 존스홉킨스대학교 백서 Johns Hopkins University White Papers, 타임지 건강면Time. Inc. Health publication 의 필진이었다. 또한 그녀는 관절염재단에서 발행하는 〈아스라이티스 투데이Arthritis Today〉의 편집자였고, 〈가넷 뉴스 서비스Gannett News Service〉와 〈유에스에이 투데이USA Today〉의 워싱턴 특파원을 하던 시절 에 의학과 건강정책에 관한 기사도 썼다.

이 책은 그녀가 뇌에 대해 쓴 두 번째 저서다. Hortsman은 〈나의 두 뇌가 보내는 하루The scientific American Day in the Life of Your Brain〉(Jossey-Bass, 2009)와 〈관절염재단이 말해주는 대안적 치료법The Arthritis Foundation's Guide to Alternative Therapies〉 및 〈관절염 극복하기Overcoming Arthritis〉(Paul Lam과 공동저자)를 집필했다. 그녀의 웹사이트인 www.judith-horstman.com를 방문해보길 바란다.

〈사이언티픽 아메리칸Scientific American〉에 관하여

〈사이언티픽 아메리칸〉은 과학기술정보 분야에서 세계적으로 저명한 자료원이자 권위 있는 저널이다. 1845년 이후 이 저널에서는 전 세계의 주요 과학기술 혁신과 발견을 연대순으로 기록해왔다. 전 세계적으로 100만 부 이상의 발행부수를 기록하며 19개의 외국어판으로 출판되는 〈사이언티픽 아메리칸〉은 기업체 간부, 오피니언 리더, 정책입안자, 교수, 고학력 일반 대중이 독자층이다. 또한 〈사이언티픽 아메리칸〉은 선도적인 온라인 과학, 건강 및 기술(www.SciAm.com)을 목적으로, 매달 170만 명 이상의 방문자에게 최신 뉴스와 독점 특집을 제공하고, 팟캐스팅과 기타 디지털 서비스로 콘텐츠를 보급하고 있다.

찾아보기

| 역자 소개 |

김 유 미
서울교육대학교 교육학과 졸업
중앙대학교 대학원 교육학 박사(교육심리학 전공)
현재 서울교육대학교 교육학과 교수

[저서 및 역서]
뇌를 알면 아이가 보인다
위대한 뇌
영재의 뇌는 어떻게 학습하는가
브레인 퓨처
위너 브레인

멋지고 새로운 뇌세계
The Scientific American Brave New Brain

발행일 ┃ 2012년 6월 14일 초판 발행
저 자 ┃ Judith Horstman
역 자 ┃ 김유미
발행인 ┃ 홍진기
발행처 ┃ 아카데미프레스
주 소 ┃ 413-756 경기도 파주시 문발동 출판정보산업단지 507-9
전 화 ┃ 031-947-7389
팩 스 ┃ 031-947-7698
웹사이트 ┃ www.academypress.co.kr
등록일 ┃ 2003. 6. 18 제406-2011-000131호
I S B N ┃ 978-89-97544-12-7 03400

값 13,000원

* 역자와의 합의하에 인지첨부는 생략합니다.
* 잘못된 책은 바꾸어 드립니다.